饲料科学配制与应用丛书

猪实用饲料
配方手册

李 娜 编著

机械工业出版社

本书详细介绍了猪在不同生长阶段的各类营养需要特点，以及在不同生长阶段的饲养标准，同时根据饲料分类原则，介绍了猪常用的能量饲料、蛋白质饲料、青饲料等饲料原料。另外，本书还介绍了预混料、浓缩饲料及全价配合饲料的设计原则与方法，并列举了 303 个饲料配方实例供参考。本书注重专业性与通俗性相结合，理论与实践相结合，并在书中加入提示、小经验、注意等经验性小贴士，以使养猪户少走弯路。

本书可供广大养猪从业者阅读，也可供农林院校相关专业师生参考。

图书在版编目（CIP）数据

猪实用饲料配方手册/李娜编著. —北京：机械工业出版社，2021.8
（2025.2 重印）
（饲料科学配制与应用丛书）
ISBN 978-7-111-68930-0

Ⅰ.①猪… Ⅱ.①李… Ⅲ.①猪-饲料-配制 Ⅳ.①S828.5

中国版本图书馆 CIP 数据核字（2021）第 162134 号

机械工业出版社（北京市百万庄大街 22 号 邮政编码 100037）
策划编辑：周晓伟 高 伟 责任编辑：周晓伟 高 伟
责任校对：孙莉萍 责任印制：张 博
北京联兴盛业印刷股份有限公司印刷
2025 年 2 月第 1 版第 3 次印刷
145mm×210mm·5 印张·2 插页·142 千字
标准书号：ISBN 978-7-111-68930-0
定价：29.80 元

电话服务 网络服务
客服电话：010-88361066 机 工 官 网：www.cmpbook.com
010-88379833 机 工 官 博：weibo.com/cmp1952
010-68326294 金 书 网：www.golden-book.com
封底无防伪标均为盗版 机工教育服务网：www.cmpedu.com

前　言　／PREFACE

　　猪的生长阶段不同，其生理特点和生长发育规律不同，对营养的需求及饲料消化能力必然有所差异，因此，充分了解猪在不同阶段的营养需要特点对猪的饲养具有指导作用。猪是杂食性动物，其消化系统与代谢系统独特，因此其饲料来源广泛，因地制宜选择猪饲料原料，可节约成本。猪的饲养成本中，饲料占比最高，合理的饲料原料选择与精准的饲料配方设计，会提高猪的饲料利用率，节约成本，提高经济效益。制作猪饲料配方时，明确猪的营养需要，以及饲料原料营养与选择和配方设计方法尤为重要。

　　本书共分为三章：第一章分为两节，分别介绍了猪的营养需要与常用饲料原料；第二章分为五节，介绍了猪的饲养标准与饲料配方的设计方法，重点介绍了预混料、浓缩饲料及全价配合饲料的配制原则和配方设计方法；第三章为猪饲料配方实例，分别列举了哺乳仔猪、保育仔猪、生长育肥猪、母猪、种公猪的饲料配方实例。

　　需要特别说明的是，本书所用饲料添加剂及其使用剂量仅供读者参考，不可照搬。在生产实际中，所用药物添加剂的学名、常用名与实际商品名称有差异，药物浓度也有所不同，建议读者在使用每一种药物添加剂之前，参阅厂家提供的产品说明以确认用量、使用方法、使用时间及禁忌等。

　　本书由河南农业职业学院牧业工程学院李娜老师编著，感谢编著

过程中各位老师与同仁给予的帮助。同时，在本书编著过程中参考了许多专家与学者的研究成果、专著与期刊，在此谨表感谢。

　　由于编著者的水平有限，书中难免存在错误与不足，诚请同行及广大读者批评指正。

编著者

目 录 / CONTENTS

第一章
猪的营养需要及常用饲料原料

第一节 猪的营养需要

猪在生长发育、繁殖、生产等生理活动中对能量、蛋白质、维生素和矿物元素等各种营养物质的需要量，称为猪的营养需要。

一、仔猪的营养需要

仔猪一般指出生到体重 20 千克左右的这个阶段，此阶段是猪一生中相对生长速度最快的阶段，仔猪体重增加明显，消化机能不完善。仔猪的生长发育直接决定后期育肥猪的生长性能和出栏日龄。因此，满足仔猪营养需要，有利于仔猪增重，减少断奶应激。

1. 仔猪能量需要量

刚断奶的仔猪通常不能采食充足的饲料来满足其能量需求。仔猪采食量随断奶时间的推移呈线性增加，但在断奶后的 24 小时内，仔猪采食量极低，或根本不采食。环境温度和地面空间大小等环境条件会影响仔猪自由采食量。当仔猪自由采食量偏低时，通常在饲料中补充脂肪来增加仔猪能量摄入。但刚刚断奶的仔猪对普通脂肪的利用率非常低，而对含有很高的中短链脂肪酸或长链不饱和脂肪酸的脂肪利用率较高。因此，仔猪的能量应该使用乳糖、葡萄糖或蔗糖等容易被利用的碳水化合物来提供。第一阶段的断奶仔猪饲料应含 15%~25% 的乳糖，到第二阶段降至 10%~15%。乳清粉、乳清透析物、脱脂奶粉和结晶乳糖等原料都是仔猪乳糖的重要来源。在断奶 2~3 个星期

之后，饲料中不需要再添加乳糖，能量只由植物性饲料和优质动植物油脂来提供。

2. 仔猪蛋白质及氨基酸需要量

仔猪出生后快速生长，生理急剧变化，对蛋白质和氨基酸的需求较高。仔猪消化系统发育不完善，尤其是断奶后，营养源从母乳转为固体饲料。饲料中蛋白质水平过高会导致仔猪腹泻和生长抑制；饲料中蛋白质水平过低，则会影响仔猪肠道的生长发育及结构完整。

仔猪饲料中最适宜的蛋白质含量一般为17%~20%。

3. 仔猪维生素需要量

仔猪阶段的营养是猪的所有成长阶段中，最复杂最难以掌握的一个阶段。若维生素营养供给不合理，会直接造成仔猪生长缓慢，并出现腹泻，死亡率极高，最终导致中大猪阶段的生长变慢，出栏时间大大延长。维生素是维持仔猪健康和正常生长发育所需的微量营养物质，是仔猪阶段不可或缺的营养补给物，是辅酶参与到机体的一种营养代谢。若仔猪的日粮供给中维生素长期不足，或者消化吸收有障碍，会引起维生素缺乏症。

【提示】

维生素 A 缺乏症的症状（彩图 1）：早期，食欲较为正常，但时常出现偏头或者凸起脊背等行为，严重的会导致消化不良，引起腹泻与下痢，仔猪皮肤表面极为干燥，暗黄无光泽，眼睛看东西模糊，神经机能混乱，且四肢行走无力，最后会引发肝炎等炎症，甚至会导致直接死亡。

【提示】

维生素 D 缺乏症的症状：仔猪的钙磷代谢出现紊乱现象，影响仔猪对其他矿物质的吸收及排放，骨骼钙化停止，成长极为缓慢。

【提示】

维生素 B 缺乏症的症状：仔猪羸瘦，精神不振，体温高达 39.7℃，食欲不高，心跳加快，行走无力；仔猪的口腔黏膜和眼结膜苍白，皮毛发黄，身体上出现小红疹，并伴有少量的黄色液体渗出，在两日内会变得粗糙，最后生成褐色痂块，触摸仔猪，其无热痛反应。

【提示】

维生素 B₂ 缺乏症的症状：仔猪的额部皮肤出现溃烂，出现眼结膜炎症，会逐渐延至全身，最终形成痘型疤疹；仔猪行走无力、不稳，且发生腹泻。

【提示】

维生素 E 缺乏症的症状：仔猪排斥吃奶，精神不振，触摸时尖叫，全身颤抖；时常做爬行状；心跳速度过快；经检查，黏膜苍白，会出现腹泻；仔猪皮肤弹性差，皮毛粗乱。

4. 仔猪矿物元素需要量

经生产实践发现，增加饲料中铁（Fe）、锌（Zn）和铜（Cu）的含量，虽然改善了仔猪体内矿物元素的营养状态，但并没有改善其生长性能。近些年，针对仔猪矿物元素营养的研究大多数集中于高锌（氧化锌形式的锌含量为 2000~3000 毫克/千克）和高铜（硫酸铜形式的铜含量为 250 毫克/千克）。通常在饲料中增加高锌或高铜，以减少仔猪腹泻，提高生长性能。日粮中添加铁和铜，可预防仔猪缺铁性贫血，常用的为硫酸铜，而碳酸铜、氯化铜、铜葡萄糖酸、铜焦磷酸、铜氧化物、氢氧化铜应用较少。

NRC（1998）指出，铜复合物吸收顺序如下为 $CuCO_3 > Cu(NO_3)_2 > CuSO_4 > CuCl_2 > Cu_2O > CuO$（粉状）$> CuO$（针状）$> Cu$（金属）。

而螯合矿物质比无机矿物质具有更好的利用效率，而且螯合有机

物可影响仔猪免疫系统的发育，提高繁殖性能及瘦肉脂肪比。研究报道，仔猪添加螯合矿物质可提高断奶后第一周的采食量、日增重和饲料转化率，但对2~4周的哺乳仔猪饲料转化效率无显著影响。铜的需要量受日粮中铁、锌、硫及蛋白质水平的影响。

【提示】

    慢性铜中毒引发因素：1）放牧；2）含高铜盐舔块或混合物的过度摄食；3）加工业或农业资源污染；4）铜过度添加而未添加其他矿物质。

二、生长猪的营养需要

1. 生长猪的生理特点与营养需要

生长猪包括生长育肥猪和后备猪，均处于生长发育阶段，但生长育肥猪是为了生产猪肉，而后备猪是为了配种繁殖，两类猪的营养需要既有共同点也有不同点。生长育肥猪是指在体重20~100千克这一阶段的生长猪在这一生长过程中，又可划分为生长期和育肥期两个阶段。一般以体重20~60千克为生长期，此阶段猪的机体各组织、器官的生长发育功能不是很完善，尤其是体重刚刚达到20千克的猪，其消化系统的功能较弱，消化液中某些有效成分不能满足猪的需要，影响了营养物质的吸收和利用，并且此时猪胃的容积较小，神经系统和机体对外界环境的抵抗力也正处于逐步完善阶段；这个阶段主要是骨骼和肌肉的生长，而脂肪的增长比较缓慢。体重60~100千克为育肥期，此阶段猪的各器官、系统的功能都逐渐完善，尤其是消化系统有了很大发展，对各种饲料的消化吸收都有很大改善；神经系统和机体对外界的抵抗力也逐步提高，逐渐能够快速适应周围温度、湿度等环境因素的变化；此阶段猪的脂肪组织生长旺盛，肌肉和骨骼的生长较为缓慢。

生长期要求能量和蛋白质水平高，从而促进肌肉和体重的增长，育肥期则控制能量，减少脂肪的沉积。生长育肥猪饲料含消化能12.55~13.28兆焦/千克，粗蛋白质水平在生长期为16%~18%，在育肥期为13%~14%。以谷实、豆饼为基础的生长育肥饲料，补加

0.1%~0.15%赖氨酸，饲料粗蛋白质水平可下降2个百分点。

后备猪要求生长发育正常且到配种时又不过肥。一般来说，对国外引进品种可以采取两种处理：一是按生长育肥猪饲养，到配种前2个月限食以控制肥度；二是在整个培育期按标准限量饲喂，其生长速度控制在8~9月龄配种时体重达到100~120千克。地方猪种沉积脂肪早，需要限制饲养，以防配种时过肥。

2. 生长猪能量需要量

能量需要一般分为维持需要与生长需要。一般认为维持能量需要与代谢体重成比例关系。研究表明，以代谢体重比例表示猪的维持需要时，猪不同生长阶段维持能量需要几乎是恒定的，品种或性别间差异很小。维持能量需要仅仅在极端品种间存在差异，如生长速度慢或脂肪型猪（如梅山猪）维持能量需要量低，生长速度快和瘦肉型猪及生长激素处理的猪维持能量需要量高。因此，大多数猪维持能量需要在标准条件下（即常规畜舍、热中性区环境和接近自由采食）可认为是相同的。维持能量需要包括标准生理活动水平的耗能，其中大约50%用于站立（每天约4小时），其余用于躺卧时的活动。

生长需要主要体现为蛋白质、脂肪、矿物元素和水分的沉积，并伴随蛋白质和脂肪沉积的代谢能需要。体蛋白质和脂肪沉积代谢需要量，可通过蛋白质和脂肪沉积量及代谢能用于沉积蛋白质和脂肪的效率（K_p 和 K_f）来进行估测。对于传统谷物-豆粕型饲料，Noblet 等（1999）提出 K_p 和 K_f 分别是60%和80%。体蛋白质和体脂肪能量含量约为23.8千焦/克和39.5千焦/克，因此沉积1克蛋白质或脂肪代谢能需要量为40千焦或50千焦。从技术和经济角度来看，体组织的生长，如胴体瘦肉组织增加伴随脂肪组织降低，脂肪增重的饲料成本是蛋白质增重的350%。生长猪在其能量含量和组织生长所需能量方面存在较大差异，结果导致体增重代谢能需要量直接取决于增重部分瘦肉与脂肪比率或脂类含量。

3. 生长猪蛋白质及氨基酸需要量

蛋白质的需要更为复杂，为了获得最佳的育肥效果，不仅要满足蛋白质量的需求，还要考虑必需氨基酸之间的平衡和利用率。一般情

况下，猪能量的摄入量越高，增重的速度越快，饲料利用率也就越高，脂肪的沉积量也相应地增加，但是瘦肉率会降低，胴体的品质变差，而适宜的蛋白质可以有效改善猪肉的品质，因此生长育肥猪的日粮要有适宜的能蛋比。饲料能量和赖氨酸均满足需要的情况下，日增重随着蛋白质水平的增高而提高，饲料消耗则降低；蛋白质水平超过17.5%，日增重即不再提高，之后出现下降趋势，但瘦肉率提高。但通过提高蛋白质水平来改善肉质并不经济，故育肥猪饲料的蛋白质水平一般不超过18%。一般在生长期，为了满足肌肉和骨骼快速增长的营养需要，粗蛋白质水平较高（16%~18%），在育肥期为了避免体内脂肪沉积过量，要控制能量的水平，同时减少日粮中的蛋白质水平，粗蛋白质水平为13%~15%。我国瘦肉型猪饲养标准中，将体重20千克以上的猪分为20~35千克、35~60千克和60~90千克3个阶段，粗蛋白质需要量依次为17.8%、16.4%和14.5%。肉脂型生长育肥猪分为3个类型（一型、二型、三型），其粗蛋白质需要不仅较瘦肉型猪低，且3个类型间存在差异。

对于生长育肥猪的生长，除需供给适宜的蛋白质营养外，还必须重视各种必需氨基酸的配比，特别是赖氨酸的水平。一般情况下，赖氨酸为猪的第一限制性氨基酸，对猪的增重速度、饲料利用率和胴体瘦肉率的提高具有重要作用。当赖氨酸占粗蛋白质6%~8%时，蛋白质的生物学价值最高。饲料中添加0.2%赖氨酸可节约蛋白质2%~3%，在生长猪饲料中补充0.35%赖氨酸、0.16%苏氨酸和0.07%色氨酸可降低蛋白质4%而不影响猪的生产性能，还可使氮的排出量减少29.3%。

4. 生长猪维生素需要量

维生素是猪正常发育不可缺少的营养物质。瘦肉型生长育肥猪对维生素的需要量随体重的增长而增加。在集约化饲养条件下，猪生长迅速，加上各种应激因素的影响，猪对维生素的需要量也相应增加。若能经常供应一定数量的青绿饲料，可以满足猪对维生素A、维生素E及某些B族维生素的需要。但集约化饲养往往不便于补饲青绿饲料，应适当补充维生素添加剂。

5. 生长猪矿物元素需要量

矿物元素和维生素是猪正常生长和发育不可缺少的营养物质，长期过量或不足，将导致代谢紊乱，轻者增重减慢，严重者则会导致缺乏症或死亡。应参考饲养标准建议量，并考虑地区特点、饲料组成、育肥体重及各种化合物中矿物元素的有效性等，确定各种矿物元素（常量与微量）的适宜添加量。生长育肥猪必需的常量元素和微量元素有 10 余种。前者主要有钙、磷和钠等，后者中最重要的有铁、铜、锌、锰、硒等。

三、母猪的营养需要

母猪包括空怀母猪、妊娠母猪和哺乳母猪。空怀母猪应给予短期优饲，促进猪的早期发育、正常排卵与受胎，饲料消化能为 12.5 兆焦/千克，粗蛋白质含量为 14% 以上。妊娠母猪营养供给的要求是保证胎儿发育，提高仔猪出生重和母猪产后泌乳的营养储备。母猪妊娠期体重增长约 40 千克，其中子宫内容物约 20 千克，胎儿的体重是在妊娠 80 天后增长的。如果以 80 天为界限分为妊娠前期和妊娠后期，那么妊娠后期营养需要大于妊娠前期。哺乳母猪营养需要较高，带仔多的母猪泌乳量多。哺乳母猪消化能为 8.37 兆焦/千克，以每头仔猪每天吃乳 0.5 千克计算，加之母猪还需维持正常的生命活动的营养，所以，哺乳母猪营养需要由泌乳和维持两个部分组成。体重 150～180 千克带仔 10 头的瘦肉型母猪每天需消化能为 62.76 兆焦。一般地方品种母猪约需 46 兆焦，粗蛋白质含量为 14.55% 就能满足需要。

1. 母猪能量需要量

能量水平及来源对母猪初情启动、营养性乏情、生殖器官发育、卵泡发育有影响。母猪存在妊娠合成代谢，如果供给较高的能量水平，则母猪体内沉积脂肪过多，易导致死胎增加、产仔数减少、难产和泌乳量降低等繁殖障碍，因此，应当限制能量摄入量。但是过度限饲，能量摄入过低会引起后备母猪发情停止，子宫、输卵管等繁殖器官受损，导致母猪体瘦、胎儿发育受阻、初生体重小或弱胎和死胎增加等。妊娠前期所需营养主要用于自身维持生命和复膘，初产母猪还

需要营养用于自身的生长发育，而用于胚胎发育的营养较少。妊娠后期，随着胎儿的迅速生长，母猪对营养的需要量相应增加，如果妊娠后期能量摄入不足，母猪就会丧失大量脂肪储备，从而影响下一个周期的正常繁殖。我国饲养标准中，瘦肉型妊娠母猪按配种体重分为3个类型：120～150千克（适用于初产母猪和因泌乳期消耗过多的经产母猪）、150～180千克（适用于自身尚有生产潜力的经产母猪）及180千克以上（指达到标准成年体重的经产母猪），其消化能需要量在妊娠前期分别为12.75兆焦/千克、12.35兆焦/千克和12.15兆焦/千克，妊娠后期依次为12.75兆焦/千克、12.55兆焦/千克和12.55兆焦/千克。肉脂型妊娠母猪没有划分类型和阶段，只有一个能量参考值，消化能需要量为11.70兆焦/千克。

2. 母猪蛋白质及氨基酸需要量

母猪氨基酸需要包括维持需要和妊娠需要两部分。维持需要量为50～60克/天，而妊娠需要量则取决于妊娠产物沉积量和妊娠代谢强度。据测定，妊娠产物中平均含蛋白质3千克，即平均日沉积蛋白质26克。妊娠前期代谢消耗蛋白质很少，后期则显著增多，每天需要量高达50～65克。依据以上参数，可计算出妊娠前期蛋白质消耗量为86克，妊娠后期为151克，如果饲料蛋白质的消化率为80%，则每天需要143克可消化蛋白质，或179克粗蛋白质。妊娠后期蛋白质需要量明显增加，最后30天每天需可消化蛋白质216克或粗蛋白质270克。我国猪饲养标准规定，妊娠前期3种类型母猪（配种体重分别为120～150千克、150～180千克和180千克以上）的粗蛋白质需要量分别为13%、12%和12%，妊娠后期依次为14%、13%和12%。肉脂型母猪妊娠期未分阶段，全期的粗蛋白质需要量建议为13%。对于妊娠母猪，不仅要满足粗蛋白质含量，还要考虑粗蛋白质的质量，即保证母猪对各种必需氨基酸的需要。饲养妊娠母猪通常以谷实和糠麸作为基础饲料，故赖氨酸经常为第一限制性氨基酸。妊娠期间增加赖氨酸的摄入量，可提高仔猪的初生重和断乳窝重。妊娠母猪摄入足量的氨基酸能刺激乳房产生较多的泌乳细胞，提高泌乳量，而摄入不足时会影响乳腺发育。我国针对3种配种体重的母猪，分别规定了妊娠前期和妊娠后期饲料中12种氨基酸的含量，而在肉脂型妊娠母猪饲养标准中没有细致划分，仅仅规定了赖氨酸、蛋氨酸+胱氨酸、苏氨酸、色氨酸和异亮氨酸的需要量。具体可参照本书第二章的饲养标准。

3. 母猪维生素需要量

维生素A、维生素E、生物素、叶酸、维生素C等均会影响母猪繁殖。母猪妊娠早期需要大量的叶酸，补充叶酸能降低胚胎早期死亡率，提高产仔数。在饲料中补充与繁殖有关的维生素，不仅可以满足妊娠母猪的营养需要，保证母猪健康，还可以充分发挥母猪的繁殖潜能。缺乏维生素A时，生殖系统等组织发生鳞片状角质变化，引起炎症，降低动物免疫力。当母猪缺乏维生素E时，卵巢机能下降，性周期异常，不能受精，胚胎发育异常或出现死胎。Gralldha等建议，要改善发情率和排卵率，后备母猪需要添加较高水平的维生素E（50～100毫克/千克）。维生素D能促进钙的吸收，对后备母猪的骨骼形成和肢蹄健康非常重要。我国猪饲养标准中对6种脂溶性维生素和7种水溶性维生素均给出了参考值，瘦肉型母猪在妊娠前期和后期不分体重类型，均为一个标准。肉脂型母猪除了硫胺素和吡哆醇的需要量大于瘦肉型母猪、维生素D的需要量与瘦肉型母猪相同外，其余均小于瘦肉型母猪的需要量。

4. 母猪矿物元素需要量

母猪对矿物元素的需要量取决于妊娠期间体内物质的沉积量与其利用效率。饲料中钙会影响胎儿发育和母猪产后泌乳。母猪体内钙、磷的沉积随妊娠进程而增加，故对钙、磷的需要量也随胎儿的生长而增加，至临产前达到高峰。我国猪饲养标准中规定，瘦肉型妊娠母猪饲粮中含钙量为0.68%，总磷为0.54%，非植酸磷为0.32%，钙磷比为1.26:1；肉脂型妊娠母猪饲料中钙、磷量均低于前者，钙为0.62%，总磷为0.50%，非植酸磷为0.30%，钙磷比为1.24:1。同时，对其他几种常量元素和微量元素的需要量，按妊娠母猪类型分别做出了相应规定（见第二章的饲养标准）。后备母猪对钙、磷、硒、铜、锌的需要量高于生长育肥猪，以备将来繁殖和增强免疫力的需要。矿物元素不足，会导致母猪分娩前盆腔发育不充分，易引发难产；肢蹄不健壮，会导致母猪提前被淘汰。另外，母猪整个繁殖周期中，其矿物元素代谢一直处于负平衡。老母猪出现的肢蹄疾病与后备母猪体况培育不到位有关。因此，后备母猪必须尽可能沉积更多的钙和磷。

四、种公猪的营养需要

种公猪的饲养，是养猪场实现多胎高产的重要生产环节之一。种公猪要保持种用状况、性欲旺盛、精力充沛、配种能力强、精液品质优良，合理供给营养是基础。蛋白质水平是影响精液品质的重要因素之一。培育期种公猪、青年种公猪和配种期种公猪饲料粗蛋白质水平应保证在15%以上，成年种公猪和非配种期种公猪粗蛋白质水平大于12%，饲料消化能为12.35兆焦/千克，同时还要注意其他营养物质的供给。和其他种公畜比较，种公猪具有射精量大、总精子数多、射精时间长等特点，故消耗体力较多。种公猪一次射精量平均为250毫升，高者可达500毫升以上，总精子数达250亿个，其中含水分97%，粗蛋白质1.2%~2%，粗脂肪0.2%，灰分0.9%。每次交配的时间长，平均为10分钟，也有达15分钟以上者。为了保证种公猪具有健壮的体质和旺盛的性欲，精液品质优良，必须全面满足种公猪的营养需要。

1. 种公猪能量需要量

种公猪能量需要是维持配种活动、精液生成和生长需要（年轻种公猪）的总和。种公猪饲料能量水平应适宜，不能长期饲喂高能量饲料，以免使种公猪体内沉积脂肪过多而导致肥胖，性欲减弱，精液品质下降；相反，如果能量水平过低，可使种公猪体内脂肪、蛋白质耗损，形成氮、碳代谢的负平衡，种公猪过瘦，则射精量少、精液品质差，也影响配种受胎率。我国猪饲养标准中，瘦肉型种公猪饲料所含消化能为12.95兆焦/千克；肉脂型种公猪10~20千克、20~40千克和40~70千克体重阶段饲粮所含消化能依次为12.97兆焦/千克、12.55兆焦/千克和12.55兆焦/千克。

2. 种公猪蛋白质及氨基酸需要量

蛋白质占精液干物质的 60% 以上，因此，蛋白质营养状况直接影响精液量、精液品质和精子存活时间。有试验指出，用低蛋白质饲料（标准定额的 67%~69%）饲喂种公猪，其射精量减少 10.3%，精子活力降低 22%~25%，畸形精子增加 60%~65%。瘦肉型种公猪饲料粗蛋白质水平应达到 13.5%；肉脂型种公猪在不同体重阶段饲粮的粗蛋白质水平不同，体重 10~20 千克、20~40 千克和 40~70 千克阶段依次为 18.8%、17.5% 和 14.6%。在保证粗蛋白质数量的同时，要注意蛋白质的质量。参与精子形成的氨基酸有赖氨酸、色氨酸等。饲料中缺乏赖氨酸可使精子活力降低；缺乏色氨酸使种公猪睾丸萎缩，出现死精症；缺乏苏氨酸和异亮氨酸则使种公猪食欲减退，体重减轻，配种能力下降。

3. 种公猪矿物元素需要量

矿物元素对种公猪精液品质也具有很大影响。钙、磷不足会影响种公猪正常代谢，使性腺发生病变，精子活力降低，出现死精、发育不全或活力不强的精子。瘦肉型种公猪对钙的需要量为 0.70%，总磷为 0.55%；肉脂型种公猪在 10~20 千克、20~40 千克和 40~70 千克体重阶段，对钙的需要量依次为 0.74%、0.64% 和 0.55%，对磷的需要量依次为 0.60%、0.55% 和 0.46%。另外，食盐和微量元素中的铁、铜、锌、硒等也不可缺少。

4. 种公猪维生素需要量

维生素 A、维生素 D 和维生素 E 对精液品质也有很大影响。维生素 A 缺乏时，种公猪的性功能衰退，精液品质下降，长期缺乏会丧失繁殖能力。维生素 D 缺乏时，影响对钙、磷的吸收利用，间接影响精液品质。维生素 E 缺乏，则睾丸上皮变性，导致精子形成异常。瘦肉型种公猪 1 千克饲料中维生素 A 应不少于 4000 国际单位，维生素 D 不少于 220 国际单位，维生素 E 不少于 45 国际单位。其他多种维生素对种公猪也是必不可少的。因此，在饲料中一般都要添加复合维生素。研究表明，饲料中添加维生素可以降低应激对种公猪精液品质的影响。

第二节　猪常用的饲料原料

一、饲料分类

饲料分类为区分饲料特性的规定。国际饲料分类法将饲料根据营养特性分为 8 大类，见表 1-1。我国根据传统饲料分类法与国际饲料分类法，将饲料分为 8 大类 16 亚类，具体分类见表 1-2。

表 1-1　国际饲料分类

序号	分类	特　点	编码
1	粗饲料	饲料干物质中粗纤维含量大于或等于 18%，以风干物为饲喂形式的饲料	1-00-000
2	青绿饲料	天然水分含量在 60% 以上的新鲜饲草及以放牧形式饲喂的人工种植牧草、草原牧草等	2-00-000
3	青贮饲料	以新鲜的天然植物性饲料为原料以青贮的方式调制成的饲料	3-00-000
4	能量饲料	以饲料干物质中粗纤维含量小于 18% 为第一条件，同时粗蛋白质含量小于 20% 的饲料	4-00-000
5	蛋白质补充料	以干物质中粗纤维含量小于 18% 为第一条件，而粗蛋白质含量大于或等于 20% 的饲料	5-00-000
6	矿物质	可供饲用的天然矿物质及化工合成无机盐类	6-00-000
7	维生素	由工业合成或提纯的维生素制剂，但不包括富含维生素的天然青绿饲料在内	7-00-000
8	饲料添加剂	为保证或改善饲料品质，防止质量下降，促进动物生长繁殖，保障动物健康而掺入饲料中的少量或微量物质，但合成氨基酸、维生素不包括在内	8-00-000

表1-2　我国饲料分类

序号	分类	特　点	编码
1	青绿饲料	以天然水分含量为第一条件，凡天然水分含量大于或等于45%的新鲜牧草、草原牧草、野菜、鲜嫩的藤蔓、秸秧类和部分未完全成熟的谷物植株等皆属此类	2-01-0000
2	树叶类	刚采摘下来的树叶，饲用时天然水分含量尚能保持在45%以上，这种形式多是一次性的，数量不大	2-02-0000
		风干后的乔木、灌木、亚灌木的树叶等，干物质中粗纤维含量大于或等于18%的树叶类，如槐叶、银合欢叶、松针叶、木薯叶等	1-02-0000
3	青贮饲料	由新鲜的天然植物性饲料调制成的青贮饲料，或在新鲜的植物性饲料中加有各种辅料（如小麦麸、尿素、糖蜜）或防腐、防霉添加剂制作成的青贮饲料。一般含水量为65%~75%	3-03-0000
		低水分青贮饲料，也称半干青贮饲料。用天然水分含量为45%~55%的半干青绿植物调制成的青贮饲料	3-03-0000
		谷物湿贮。以新鲜玉米、麦类籽实为主要原料的各种类型的谷物湿贮，其水分在28%~35%范围	4-03-0000
4	块根、块茎、瓜果类	天然水分含量大于或等于45%的块根、块茎、瓜果类，如胡萝卜、芜菁、饲用甜菜、落果、瓜皮等，这类饲料脱水后的干物质中粗纤维和粗蛋白质含量都较低	2-04-0000
		天然水分含量大于或等于45%的块根、块茎、瓜果类，烘干后饲喂，如甘薯干、木薯干等	4-04-0000
5	干草类	人工栽培或野生牧草的脱水或风干物 — 干物质中粗纤维含量大于或等于18%者都属于粗饲料	1-05-0000
		人工栽培或野生牧草的脱水或风干物 — 干物质中粗纤维含量小于18%且粗蛋白质含量小于20%者，属于能量饲料	4-05-0000

（续）

序号	分类	特　点		编码
5	干草类	人工栽培或野生牧草的脱水或风干物	一些优质豆科干草，如苜蓿或紫云英，干物质中的粗蛋白质含量大于或等于20%，而粗纤维含量小于18%，属于蛋白质饲料	5-05-0000
6	农副产品类	农作物收获后的副产品，如藤、蔓、秸秧、荚、壳等	干物质中粗纤维含量大于或等于18%者都属于粗饲料	1-06-0000
			干物质中粗纤维含量小于18%且粗蛋白质含量小于20%者，属于能量饲料	4-06-0000
			干物质中粗纤维含量小于18%而粗蛋白质含量大于或等于20%者，属于蛋白质饲料	5-06-0000
7	谷实类	粮食作物的籽实中除某些带壳的谷实外，粗纤维、粗蛋白质的含量都较低，在国际饲料分类中属于能量饲料，如玉米、稻谷等		4-07-0000
8	糠麸类	干物质中粗纤维含量小于18%、粗蛋白质含量小于20%的各种粮食的加工副产品，如小麦麸、米糠、玉米皮、高粱糠等		4-08-0000
		粮食加工后的低档副产品或在米糠中人为掺入没有实际营养价值的稻壳粉等，其干物质中的粗纤维含量大多数大于18%，按国际饲料分类原则属于粗饲料，如统糠等		1-08-0000
9	豆类	豆类籽实中可作为蛋白质补充料者		5-09-0000
		个别豆类的干物质中粗蛋白质含量在20%以下的，如广东的鸡子豆和江苏的爬豆		4-09-0000
10	饼粕类	干物质中的粗纤维含量大于或等于18%的饼粕类，如有些多壳的葵花籽饼及棉籽饼		1-10-0000
		一些低蛋白质、低纤维的饼粕类饲料，如米糠饼、玉米胚芽饼则属于能量饲料		4-08-0000

（续）

序号	分类	特　　点	编码
11	糟渣类	干物质中粗纤维含量大于或等于18%者归入粗饲料	1-11-0000
		干物质中粗蛋白质含量小于20%、粗纤维含量也小于18%者，属于能量饲料，如粉渣、醋渣、酒渣、甜菜渣、怡糖渣中的一部分	4-11-0000
		干物质中粗蛋白质含量大于或等于20%而粗纤维含量小于18%者，在国际饲料分类中属于蛋白质补充料，如啤酒糟、怡糖渣、豆腐渣	5-11-0000
12	草籽树实类	干物质中粗纤维含量大于或等于18%者归入粗饲料	1-12-0000
		干物质中粗纤维含量在18%以下而粗蛋白质含量小于20%者，属于能量饲料，如稗草籽、沙枣等	4-12-0000
		干物质中粗纤维含量在18%以下而粗蛋白质含量大于或等于20%者	5-12-0000
13	动物性饲料	来源于渔业、畜牧业的饲料及加工副产品	干物质中粗蛋白质含量大于或等于20%者属于蛋白质饲料，如鱼、虾、肉、骨、皮、毛、血、蚕蛹等	5-13-0000
			粗蛋白质及粗灰分含量都较低的动物油脂类属于能量饲料，如牛脂、猪油等	4-13-0000
			粗蛋白质含量及粗脂肪含量均较低，以补充钙磷为目的者，属于矿物质饲料，如骨粉、蛋壳粉、贝壳粉等	6-13-0000
14	矿物质饲料	可供饲用的天然矿物质，如白云石粉、大理石粉、石灰石粉等，但不包括骨粉、贝壳粉等来源于动物体的矿物质及化工合成或提纯的无机物	6-14-0000
15	维生素饲料	由工业提纯或合成的饲用维生素，如胡萝卜素、硫胺素、核黄素、烟酸、泛酸、胆碱、叶酸、维生素A、维生素D、维生素E等，但不包括富含维生素的天然青绿多汁饲料	7-15-0000
16	添加剂及其他	为了补充营养物质，提高饲料利用率，保证或改善饲料品质，防止饲料质量下降，促进动物生长繁殖，保障动物的健康而掺入饲料中的少量或微量营养性及非营养性物质，如防腐剂、促生长剂、抗氧化剂、饲料黏合剂、驱虫保健剂、流散剂及载体等	8-16-0000

二、能量饲料

能量饲料是指干物质中粗纤维含量小于18%，同时粗蛋白质含量小于20%的饲料，如谷实类，糠麸类，草籽树实类，富含淀粉和糖类的块根、块茎、瓜果类，以及液态的糖蜜、乳清和油脂类饲料等。其中，常用的能量饲料有谷实、糠麸、薯干粉类。

1. 谷实类饲料

谷实类饲料是指禾本科植物成熟的种子，如玉米、稻谷、高粱、小麦、大麦、燕麦、荞麦和粟等。其中，玉米、高粱和小麦的可利用能量最高，大麦、燕麦等含粗纤维较多，因此可利用能量较低。

（1）玉米 玉米是我国主要的能量饲料，能量在谷物饲料中最高，有"能量饲料之王"之称，而且常作为衡量其他能量饲料能量价值的基础。同时，玉米价格的涨跌也直接影响养猪业成本及利润的高低。玉米霉变后产生的黄曲霉、赤霉烯酮毒性大，易使猪中毒，应引起高度重视。每千克日粮中含2毫克赤霉烯酮即可使母猪卵巢病变，抑制母猪发情，公猪性欲下降，降低配种效果。在大多数情况下，成熟的玉米籽粒胚乳的颜色是黄色或白色，种皮和糊粉层没有颜色，呈透明状（彩图2），玉米发霉的第一个征兆就是胚轴变黑（彩图3），然后胚变色（彩图4），最后整粒玉米呈烧焦状（彩图5）。发霉变质的玉米不能用来喂猪。玉米饲喂猪的优缺点及注意事项见表1-3。

表1-3 玉米饲喂猪的优缺点及注意事项

项目	说　明
优点	能量含量高，无氮浸出物的含量在70%以上，几乎全部为易消化利用的淀粉，粗纤维含量少，粗脂肪含量较高，亚油酸含量高，适口性好
缺点	蛋白质含量低、品质差，常量元素、微量元素和维生素等含量也很低，且缺乏赖氨酸和色氨酸等，营养不全价，水分含量高，易霉变
注意事项	在配合饲料时要注意这些氨基酸的平衡；发霉变质的玉米不能饲喂猪；干燥、坚硬的玉米喂20千克以下的仔猪时，最好粉碎成中等粒度或浸泡后饲喂；因玉米细粉会引起胃溃疡，故成年猪饲喂粗粒玉米较好；玉米粉碎后易吸水、结块、发热和被霉菌污染，也易氧化酸败，发苦，不宜久贮，故应粉碎现用

（2）小麦　小麦是人类最重要的粮食作物之一，也是猪饲料中重要的能量原料，小麦对猪的适口性很好，可取代玉米用于育肥猪饲料，由于能值低于玉米，饲料效率略差，但可节省部分蛋白质饲料，而且可改善胴体品质。小麦饲喂猪的优缺点及注意事项见表1-4。

表1-4　小麦饲喂猪的优缺点及注意事项

项目	说　明
优点	小麦的能量与玉米相近，蛋白质和氨基酸含量高于玉米；氨基酸种类比较全；小麦的有效磷含量高，可节省磷酸氢钙的使用量；小麦的粗脂肪含量低于玉米，能很大程度改善胴体品质
缺点	小麦中纤维素含量高，主要是木聚糖，而猪消化道不能分泌内源性木聚糖酶，会影响小麦利用率；水溶性的木聚糖在胃肠道中会产生黏度，从而影响胃肠道的正常蠕动，形成对胃肠多肽的抑制，导致胰液分泌紊乱；木聚糖会构成植物细胞壁的成分，而细胞壁包裹淀粉颗粒后，会阻碍动物对淀粉的消化；由于木聚糖会被后肠道微生物利用，导致微生物增殖，从而产生稀便、腹泻等问题
注意事项	小麦赖氨酸含量较低，需额外补充蛋白质原料或合成氨基酸来满足猪对氨基酸的需求；在猪饲料配方中必须考虑小麦品种间粗蛋白质和氨基酸含量的差异、非淀粉多糖组成和含量；小麦的加工（如发酵、粉碎或制粒及添加外源酶制剂）可进一步提高小麦副产物在猪饲料中的饲用价值；喂前需粉碎，但不宜太细，以防糊口和消化道粘连成团影响消化

（3）高粱　高粱为世界上四大粮食作物之一，其总产量仅低于小麦、水稻和玉米。用高粱代替玉米喂猪，若补充缺少养分，喂法合理，可获得良好效果，使猪的胴体瘦肉率比喂玉米的猪的胴体瘦肉率高。高粱饲喂猪的优缺点及注意事项见表1-5。

表1-5　高粱饲喂猪的优缺点及注意事项

项目	说　明
优点	对仔猪非细菌、病毒性腹泻有止泻作用
缺点	蛋白质含量低、品质差，必需氨基酸少；钙少磷多，钙磷比例不适当，且多为植酸磷，猪不易消化；单宁含量较高，味苦，适口性差；饲喂过多易引起便秘

（续）

项目	说　　明
注意事项	补充必需氨基酸来满足猪对氨基酸的需求；饲喂前进行处理，如水浸或煮沸等或饲料中添加蛋氨酸和赖氨酸，以消除单宁的不良影响；添加一部分轻泻性饲料以减轻高粱的副作用；颜色越深的高粱单宁含量越高，在猪饲料中配合比例一般不超过20%，浅色高粱可用到20%，深色高粱宜用10%；高粱中含有较多鞣酸，可使含铁制剂变性，注意增加铁的用量

（4）大麦　大麦的蛋白质含量（9%～13%）高于玉米，氨基酸中除亮氨酸及蛋氨酸外均比玉米多，但利用率比玉米差。赖氨酸含量（0.40%）接近玉米的2倍。大麦是猪育肥后期较理想的饲料，用大麦喂猪可获得色白、硬度大的脂肪，减少不饱和脂肪酸含量，改善肉的品质和风味，增加胴体瘦肉率，但增重及饲料利用率不如玉米，其相对饲养价值为玉米的90%，在饲料中的用量不宜超过25%。

（5）稻谷、碎米、糙米　稻谷是世界上最重要的谷物之一，在我国居谷实产量首位，约占粮食总产量的50%。稻谷（彩图6）主要由外壳和糙米两部分组成，谷壳约占稻谷总质量的20%，其中一半为纤维素和木质素，灰分含量约为20%，蛋白质含量约为3%，脂肪和维生素含量很少。

稻谷去壳后称为糙米（彩图7），糙米的粗纤维含量低，且维生素比碎米更丰富。因此，以磨碎糙米的形式作为饲料，是一种较为科学、经济地利用稻谷的好方法。

碎米（彩图8）是糙米去米糠加工成大米时的副产品，含少量米糠。碎米的粗蛋白质和粗脂肪含量较糙米高，消化能略高于糙米，钙、铜、锰、锌含量也较糙米高。这是一种适口性好、能量高的猪饲料。

（6）燕麦　燕麦是一种草、料兼用的优良饲用作物，广泛用作饲料。燕麦籽实含有大量易消化和高热量的营养物质，蛋白质含量一般为10%～14%，因其籽实含亚油酸较高，喂猪可提高瘦肉率和肉的品质。然而燕麦壳占籽实重量的 1/5～1/3，饲养价值因壳的厚度及脱壳程度而异，燕麦的容积大，适口性较差；去壳燕麦用于仔猪开食料和哺乳仔猪的补料，适口性和营养价值较高。燕麦必须磨碎才能喂猪，细磨和中磨比粗磨好，也可压成薄片或压皱饲喂。燕麦不宜作为猪的主要能量饲料源，妊娠母猪和哺乳母猪用量不得超过 40% 及 15%；育肥猪宜低于 20%。

（7）荞麦 荞麦籽实壳（荞麦皮）粗糙坚硬，约占籽粒重量的 30%，故粗纤维较高，可达 12% 左右。荞麦籽粒，含有丰富的脂肪、蛋白质、铁、磷、钙等矿物元素和多种维生素，其营养价值为玉米的 70%，喂猪能增加固态脂肪，提高肉的品质。然而荞麦的适口性不佳，用量以低于 30% 为宜。另外，荞麦籽粒中含有一种感光卟啉物质，在外壳中含量很多，猪采食后，白色皮肤部分受日光照射将发生过敏并出现红色斑点，严重时影响生长。

2. 糠麸类饲料

糠麸类饲料是谷物的加工副产品，制米的副产品称为糠，制粉的副产品称作麸。包括谷实的种皮、糊粉层、胚及部分胚乳，其产品主要有米糠、麦麸、玉米皮、高粱糠及谷糠等，在我国以米糠和小麦麸产量为最大，应用最广。糠麸类饲料属于能量饲料。其营养价值的高低与制粉、碾米加工工艺、产品率（出粉率、出米率）和颖壳的多少有关。糠麸与原粮相比，除淀粉和消化能较低外，其他营养成分均相对增多。糠麸类是 B 族维生素的良好来源，但缺乏胡萝卜素和维生素 D。这类饲料质地疏松，容积大，同籽实类搭配，可改善日粮的物质性状。但吸水性强，容易结块发霉，尤其是米糠含脂肪多，易酸败，应注意储存。

（1）小麦麸 小麦麸是小麦磨制面粉的副产品，由小麦的种皮、糊粉层与少量的胚和胚乳组成。其营养价值因面粉的精制程度不同而异，出粉率越高，其粗纤维含量越高，营养价值越低。

（2）次粉 次粉是面粉与麸皮之间的部分，又称黑面、黄粉、下面或三等粉。次粉的营养成分随精白粉的出粉率和出麸率的不同变化较大。灰白色次粉容重大，含麦麸较少，粗蛋白质与粗纤维含量较少；浅褐色次粉容重小，含麦麸较多，蛋白质与粗纤维含量较高，能值较低。

（3）**米糠** 米糠是糙米精制成大米时的副产品，由种皮、糊粉层、胚及少量的胚乳组成。米糠是能量饲料中含粗灰分和粗纤维较高的一种。

（4）**其他谷类糠麸**

1）玉米麸：玉米工业制粉的副产物，粗蛋白质含量与高粱糠相近，但粗纤维含量较高，能值低于高粱糠。

2）小米糠：粗纤维含量约为8%，每千克代谢能约为8兆焦，蛋白质含量约为11%，B族维生素含量较高，粗脂肪含量也较高，饲用价值较高。

3）高粱糠：主要是高粱籽实的外皮。脂肪含量较高，粗纤维含量较高，能量较低，粗蛋白质含量为10%左右，略高于玉米。高粱糠单宁含量较高，适口性差，易导致猪便秘。

3. 块根块茎及瓜果类

此类能量饲料主要包括木薯、甘薯、马铃薯、胡萝卜、饲用甜菜、芜菁甘蓝、菊芋及南瓜等。这类饲料含水量高达70%~75%，体积大，其粗纤维和蛋白质含量低，以干物质计算其能值接近谷实类，故属于能量饲料。一些主要矿物元素和某些B组维生素含量也少，缺钙、磷和钠，鲜甘薯和胡萝卜含胡萝卜素丰富。此类饲料鲜喂适口性很好，具有通便和调养作用，容易消化，可提高育肥猪增重效果，对哺乳母猪有催乳作用，一般熟喂比生喂好。

（1）**甘薯** 甘薯又叫红苕、地瓜、红薯、番薯，是我国主要的杂粮作物之一，种植面积大，为薯类之首，仅次于水稻、小麦和玉米，居第四位。

（2）**马铃薯** 马铃薯又叫土豆、地蛋、山药蛋、洋芋等，在我国北方种植较多，并且产量高。马铃薯除用作粮食、蔬菜和工业原料外，也是一种重要的饲料，其茎叶可作青贮料，块茎是猪良好的能量饲料。

（3）**木薯** 木薯又叫树薯或树番薯，主要种植于热带与亚热带，在我国广东、广西、云南、贵州、福建、台湾等地均有种植，它是热带含淀粉量最高的植物之一。

（4）胡萝卜　胡萝卜产量高，易栽培，耐储藏，营养丰富，是重要的蔬菜和优良的多汁饲料。胡萝卜中的大部分营养物质是无氮浸出物，并含有蔗糖和果糖，故含有甜味，胡萝卜颜色越深，胡萝卜素或铁盐含量越高，红色的比黄色的高，黄色的又比白色的高。

（5）南瓜　南瓜既是蔬菜，又是优质高产的饲料作物。南瓜营养丰富，耐储藏，运输方便，是猪的好饲料，尤其适用于猪的育肥。

4. 油脂饲料

本类能量饲料包括动物脂肪、植物油和油脚（控油的副产物）、制糖工业的副产物（糖蜜）和乳品加工厂的副产物（乳清）等，油脂能量高，为淀粉或谷实饲料的3倍左右。饲用油脂常用动物油脂和植物油脂。饲料中加入油脂，可起到补充亚油酸、减少粉尘损失、提高饲料适口性的作用。猪饲料中添加油脂的用法用量与益处见表1-6。

表1-6　猪饲料中添加油脂的用法用量与益处

对象	用法用量	益处
仔猪	开食料的5%~10%	仔猪开食料中加入糖和油脂，可提高适口性，对于早开食及提前断奶有利
母猪	10%~15%	妊娠后期和哺乳前期饲料中添加油脂，仔猪成活率提高2.6%；母猪断奶后6天内发情率由28%提高到92%，30天内发情率由60%提高到96%
生长育肥猪	3%~5%	饲料加入3%~5%油脂，可提高增重5%，饲料消耗量降低10%

【注意】

育肥猪体重达到60千克后就不宜使用油脂。

 【小经验】

粗油精炼过程中的副产物（俗称油脚）可以利用，但油脚色深且黏稠，不易保管和运输，尤其夏季高温时极易酸败变质，应特别注意。

（1）动物油脂 动物油脂是指用家畜、家禽和鱼体组织（含内脏）提取的一类油脂。其成分以甘油三酯为主，另含少量的不皂化物和不溶物等，每千克含消化能达36兆焦，约为玉米的2.5倍。

（2）植物油脂 这类油脂是从植物种子中提取而得，主要成分为甘油三酯，另含少量的植物固醇与蜡质成分。大豆油、菜籽油、棕榈油等是这类油脂的代表。绝大多数植物油脂常温下都是液态。最常见的植物油脂是大豆油、菜籽油、花生油、棉籽油、玉米胚油、葵花籽油和胡麻油。植物油脂与动物油脂相比含有较多的不饱和脂肪酸（占油脂的30%~70%），且有效能值稍高，其消化能可达38.5兆焦/千克。

三、蛋白质饲料

蛋白质饲料是指饲料干物质中粗蛋白质含量在20%以上、粗纤维含量在18%以下的饲料，包括植物性蛋白质饲料、动物性蛋白质饲料和单细胞蛋白饲料等。

1. 植物性蛋白质饲料

植物性蛋白质饲料包括豆科籽实及其加工副产品、各种油料籽实及其油饼（粕）等。

（1）豆科籽实 我国常用豆科籽实有豌豆、蚕豆、大豆、竹豆、菜豆、白豆等。豆科籽实大多作为人类食粮，少数用作饲料。豆科籽实粗蛋白质含量为20%~40%，且赖氨酸含量较高，但蛋氨酸不足；每千克含消化能11.38~17.45兆焦，其中竹豆能值较低，大豆最高；钙含量虽稍高于禾本科籽实，但仍是钙少磷多，比例不当；维生素B_1与烟酸含量丰富，但维生素均不足，胡萝卜素与维生素D缺乏。豆科籽实含有一些抗营养因子，如抗胰蛋白酶、血凝集素、皂素、致甲状腺肿源、抗维生素因子等，影响饲料适口性、消化利用及动物的一些生理过程。

（2）饼（粕）类饲料　油料籽实经加温压榨或溶剂浸提油脂后的残留物称为油饼或油粕。油饼剩油较多（6%～10%），油粕剩油很少（1%～3%），而蛋白质含量则粕多于饼。我国常用饼（粕）类饲料有大豆饼（粕）、棉籽饼（粕）、菜籽饼（粕）、花生饼（粕）、芝麻饼（粕）、亚麻饼（粕）、向日葵饼（粕）、玉米胚芽饼（粕）、胡麻饼（粕）等。它们是植物性蛋白质饲料的重要来源。

1）豆粕。豆粕是大豆经过浸提法或者预压浸提法制油后得到的副产物，是目前我国使用量最多、应用范围最广的植物性蛋白质饲料。饲料用大豆粕的营养特性、质量要求与注意事项见表1-7，质量分级参见国家标准《饲料原料　豆粕》（GB/T 19541—2017）。

发酵豆粕（彩图9）是指通过现代生物发酵技术对原料豆粕进行发酵处理后的产物。发酵豆粕的优点体现在充分消除了大豆抗营养因子，含有大量有益微生物，具有良好的口感，易于消化，可用来代替血浆蛋白粉、鱼粉、肠膜蛋白和乳清粉等一些价格相对昂贵的动物性饲料原料。

膨化豆粕（彩图10）是大豆经过榨油处理之后得到的副产物。大豆经过膨化后可提高出油率，膨化处理还可以破坏豆粕中的抗营养因子，提高豆粕中营养物质的消化率。

表1-7　豆粕的营养特性、质量要求与注意事项

项目	说　明
营养特性	蛋白含量高，赖氨酸含量高；粗纤维含量较低，能值较高；富含核黄素和烟酸；适口性好
质量要求	呈黄褐色或浅黄色不规则碎片状；色泽一致，无发酵、霉变、结块及异味；水分含量不得超过13.0%；不得掺入大豆粕以外的物质；若加有抗氧化剂、防霉剂等，应作相应说明
注意事项	适当加工的优质大豆粕营养价值高，优于其他饼、粕；加热不足的大豆粕或生大豆粕会降低猪的生产性能；158℃加热过度的大豆粕会使猪的增重和饲料转化率下降，如果添加以赖氨酸为主的添加剂，增重和饲料转化率会得到改善，甚至可能超过正常水平

2）棉籽粕。棉籽粕（彩图11）是棉籽经过脱壳取油处理后得到的副产物。棉籽粕饲喂猪的优缺点与注意事项见表1-8。

表1-8　棉籽粕饲喂猪的优缺点与注意事项

项目	说　明
优点	蛋白质含量高达42%以上；精氨酸含量高，达4.46%~5.57%，是饼（粕）饲料中精氨酸含量较高的饲料
缺点	赖氨酸含量较低（1.3%~1.5%），仅相当于大豆粕的50%~60%；普通棉籽仁中含有棉酚0.2%~2%，棉籽粕中含有0.6%~2%的棉酚，远超过国际食用卫生标准0.04%
注意事项	对含毒较高的棉籽粕进行去毒处理，可提高其利用率；未脱毒的棉籽粕饲喂量以不超过饲料10%为宜；一般乳猪和种猪饲料不推荐使用；3~4周龄仔猪饲喂适量棉籽粕时，再添加赖氨酸，可使其生长发育不受影响；育肥猪育肥饲料，以棉籽粕替代15%大豆粕，其蛋白质水平高，但猪里脊肉品质较差

3）花生粕。花生粕（彩图12）是以脱壳花生果为原料，经提取油脂后的副产品。花生粕饲喂猪的优缺点与注意事项见表1-9。

表1-9　花生粕饲喂猪的优缺点与注意事项

项目	说　明
优点	粗蛋白质含量高，略高于豆粕；有甜香味，适口性好，易消化；精氨酸、组氨酸含量高
缺点	脂肪含量高，不耐储存，易感染黄曲霉而产生黄曲霉毒素；赖氨酸、蛋氨酸含量及利用率低
注意事项	由于脂肪含量高，育肥猪配方中不宜超过15%，否则会造成猪体脂肪变软，影响胴体品质；仔猪与繁殖母猪配方中不宜超过10%；与豆粕配合使用效果好；有黄曲霉的花生粕不可使用；容易霉变，不宜久存，保存时注意低温和干燥

4）菜籽饼粕。菜籽饼粕是油菜籽经不同工艺提取油脂后所得到的残余物，一般将压榨法所得到的残余物称为菜籽饼，将浸出法所得到的残余物称为菜籽粕（彩图13）。菜籽饼粕的营养成分因原料品种、栽培条件、加工方法的不同而有差异。菜籽饼粕喂猪的优缺点与

注意事项详见表 1-10。

表 1-10   菜籽饼粕喂猪的优缺点与注意事项

项目	说　明
优点	粗蛋白质含量为 35.0%~45.0%，氨基酸组成合理；蛋氨酸、胱氨酸含量较高，赖氨酸含量略低于大豆粕；其蛋白效价为 3.0~3.5，比大豆蛋白高；钙、磷、镁含量是大豆粕的 3 倍；硒含量特别是，是豆饼的 8 倍；含有铁、锰、铜、锌等元素；具有比豆粕高的胆碱、烟酸、维生素 B_2、叶酸和维生素 B_1
缺点	含有硫代葡萄糖苷，菜籽中含有 3%~8%，本身无毒性，但其降解产物异硫氰酸酯、硫氰酸酯、恶唑烷硫酮等有毒；赖氨酸、蛋氨酸含量及利用率低
注意事项	为充分利用菜籽粕，可进行去毒处理；未去毒的菜籽粕，种猪与仔猪添加量不超过日粮的 5%，育肥猪不得超过 10%；脱毒的菜籽饼粕添加量应在 15%~20% 之间

注：异硫氰酸酯会影响菜籽粕的适口性，含量高时会强烈刺激黏膜，引起胃肠炎、支气管炎甚至肺水肿；异硫氰酸酯抑制甲状腺滤泡细胞浓集碘，引起甲状腺肿大。

5）米糠粕。米糠粕（彩图 14）是全脂米糠经有机溶剂浸提脱脂的产物，产品与原生米糠外形相同，但对动物的生长性能而言比原生米糠要好。米糠粕在温热的过程中提高了蛋白质含量，使脂肪酶失去活性，并除去了米糠中的真菌、细菌等不良物质，正常储藏条件下米糠粕原料存放 3 个月不会变质。米糠粕是优质的饲料原料，可直接用于家禽饲养，也可作为饲料添加剂。米糠粕含较高的蛋白质、粗纤维、矿物元素等物质，同时含维生素 B、维生素 E 及钾、硅、氨基酸等营养元素。

6）芝麻饼。芝麻饼（彩图 15）中粗蛋白质含量为 33%~48%，粗脂肪含量为 3.4%~12.6%，粗纤维含量为 2.6%~12.4%，适口性好，是价值较高的蛋白质补充料，其营养成分受品种及脱脂方法的影响。研究报道，在含鱼粉 4% 的玉米、大豆粕饲料中，芝麻饼可代替豆饼的一半，与豆饼氨基酸互补，不加鱼粉时，最多只能代替 10%。

7）亚麻或胡麻饼。胡麻饼由亚麻籽组成，并混有其他籽实，其混杂比例因地区而异。胡麻饼中蛋白质含量为 31%~38%，与棉籽粕、菜籽粕相近，赖氨酸含量多于芝麻饼，比豆饼少，精氨酸含量高达3.0%，而蛋氨酸含量较低，接近大豆饼，低于菜籽饼。

8）玉米蛋白粉。玉米蛋白粉是玉米淀粉厂的主要副产品之一。其蛋白质含量较高（35%~60%），氨基酸组成不佳，蛋氨酸含量很高，而赖氨酸和色氨酸严重不足，粗纤维含量低，易消化，可利用能值接近玉米。因玉米蛋白粉加工过程中加入了硫黄，适口性较差，所以，一般用量在15%左右。

9）酒糟蛋白饲料。酒糟是不同谷物、薯类或不同谷物混合物经酵母发酵，再以蒸馏取酒后的残留品。其根据酒糟中粗纤维含量高低又分为以下3类：

① 浓香型曲酒糟类：粗纤维含量较高，以风干物质为基础，其含量为18%~25%，粗蛋白质含量为13%~18%。

② 白酒糟和酱香型曲酒糟类：因加入糠壳比例较低，质量较好，粗纤维含量在18%以下，粗蛋白质含量为13%~19%。

③ 液态酒糟（酒精糟）：水分含量高达90%以上，风干物中粗纤维含量为9.2%，粗蛋白质含量为25%。

酒糟营养价值因原料和辅料种类、用量不同而有很大差异，按干物质计算，粗蛋白质含量为2.8%~31.7%，粗纤维含量为4.9%~37.5%，消化能为3.64~12.59兆焦/千克，赖氨酸及色氨酸含量低。酒糟水分含量高，一般在60%~80%之间。稻谷加稻壳的酒糟粗纤维含量较高，粗蛋白质的含量较低。玉米酒糟的粗蛋白质含量较稻谷酒糟高，而粗纤维含量较低。甘薯加谷壳的酒糟粗蛋白质含量最低，粗纤维含量最高，消化能值也较低。酒糟中维生素E及B族维生素含量高，烟酸含量极高，核黄素、硫胺素等含量也相当高。此外，酒糟水也富有营养，不仅B族维生素含量高，且有一些有利于动物生长的未知因子。干酒糟用量，生长育肥猪不宜超过20%，一般用量为10%~15%；仔猪用量为3%~5%；种公猪非配种期用量为18%，配种期用量为15%左右；妊娠母猪用量为15%~20%。干酒糟喂量宜控制在20%以下；稻壳含量高的酒糟还应更少。酒糟中缺乏胡萝卜素和维生素D，钙含量少，并含有乙醇、乙酸，晒干可除去。鲜酒糟不能喂种公猪和妊娠母猪，否则会导致畸形精子、死胎、弱胎。

10）啤酒糟（彩图16）。用大麦或大麦与大米等酿造啤酒所残留的酒糟，含有大麦皮、麦芽根和啤酒酵母等，水分含量在75%以上。干物质中粗蛋白质含量为22%～27%，粗脂肪含量为6%～8%，粗纤维含量为15%左右。美国一般使用干啤酒糟。我国和日本多用鲜啤酒糟，其喂量宜占饲料的20%以下，喂量过多对猪生长不利。日本用啤酒糟喂猪，每头每天1千克以下。加拿大研究认为，猪饲料中8%～16%的啤酒糟能促进猪只生长。

2. 动物性蛋白质饲料

动物性蛋白质饲料主要包括鱼粉、肉骨粉、肉粉、血粉、血浆蛋白粉、蚕蛹粉、蚕蛹饼（粕）、脱脂乳粉、羽毛粉、单细胞蛋白等。营养特点：蛋白质含量高，必需氨基酸组成好，特别是赖氨酸、色氨酸含量高；矿物元素丰富，特别是钙、磷含量高，磷都是可利用磷，富含微量元素；除含各种维生素外，还含有植物性饲料中没有的维生素 B_{12}；可利用能值比较高；不含粗纤维。品质优良的动物性蛋白质饲料能量、蛋白质含量均高，因而既可以补充谷实及其糠麸类能量饲料的不足，又是植物性蛋白质饲料中重要的必需氨基酸、限制性氨基酸的良好来源，同时也是维生素、矿物元素的优质补充料。

（1）鱼粉 鱼粉的种类很多，各类鱼粉的营养成分与品质，因鱼的种类、鱼体加工部位（如全鱼或鱼头、鱼骨、鱼内脏、鱼肉比例）、提取鱼油程度、鱼汁加入与否、加工方法和干燥加热温度等而不同。鱼粉作为猪饲料的优缺点与注意事项，详见表1-11。鱼粉的质量要求与分级参见国家标准《鱼粉》（GB/T 19164—2003）。

表1-11 鱼粉作为猪饲料的优缺点与注意事项

项目	说 明
优点	鱼粉蛋白质含量高（45%～67%），品质好，赖氨酸、蛋氨酸含量高；消化能含量较高（12.47～13.05兆焦/千克）；钙、磷含量丰富，所有的磷都为可利用磷，碘和食盐含量高，硒和锌也较多
缺点	优质鱼粉价格昂贵；市面上鱼粉掺假现象严重；易感染沙门菌

（续）

项目	说　明
注意事项	优质（进口）鱼粉，因价格昂贵，一般建议用量为 2%~5%；国产鱼粉蛋白质含量较低，在饲料配方中，母猪用量为 6%，仔猪用量为 12%，生长育肥猪用量为 5.5%~12%，若食盐含量高，其用量应减少；鱼粉过度加热，使氨基酸含量不同程度下降，利用率也明显下降；食盐过多的鱼粉会影响猪的生产和健康；脂肪含量高的鱼粉，若储存不当或时间过长，脂肪被氧化变黑，产生恶臭味，影响猪的采食；加工或储存不当，会使鱼粉中的组胺与赖氨酸结合产生肌胃糜烂

注：鱼粉掺假辨别：化学测定或显微镜观察。

（2）**肉骨粉、肉粉**　肉骨粉和肉粉的化学成分、营养成分和品质，随肉、内脏、结缔组织和骨质含量、脱脂多少、加工方法和所用温度不同而有很大的变化，使用前必须进行化验。肉骨粉作为猪饲料的优缺点与注意事项见表 1-12。

表 1-12　肉骨粉作为猪饲料的优缺点与注意事项

项目	说　明
优点	蛋白质含量高（40%~55%），消化率为 60%~80%；必需氨基酸中赖氨酸和苏氨酸含量高；钙、磷（无机磷）、锰含量高，利用率高，是猪钙、磷的良好来源；B 族维生素含量高
缺点	氨基酸不平衡，蛋氨酸、色氨酸含量低，品质差异较大；蛋白质主要为胶原蛋白，利用率差
注意事项	防止沙门菌和大肠杆菌污染；随着饲料中骨粉含量增加，饲料适口性变差，猪生长发育不佳，因此配合饲料中不宜超过 5%，仔猪避免使用

（3）**血粉**　血粉是由畜禽鲜血经脱水加工粉碎制成的一种蛋白质饲料原料。畜禽的血液中含有丰富的蛋白质等物质，血粉的干物质为 90%，其中粗蛋白质含量可达 80%~90%。血粉味苦，适口性差。血粉具有一定黏性，过量添加会引起腹泻，因此血粉的添加量不能过高，控制在 2%~5%。据报道，血粉在生长育肥猪饲料中用量以 3%~6% 为宜。

血粉的加工方法可分为物理方法、生物方法和化学方法。不同加

工工艺的差异主要体现在适口性和消化率上，膨化血粉有香烤味，发酵血粉有醇酒香味，酶解血粉腥味减少但苦味可能增加，普通血粉有明显的血腥味。喷雾干燥血粉的消化率优于普通血粉，研究表明，喷雾干燥血液制品（包括全血、血细胞和血浆蛋白粉）的氨基酸标准回肠消化率均显著高于普通血粉。

（4）**血浆蛋白粉** 血浆蛋白粉是屠宰动物的血液分离出的血浆部分，经喷雾干燥加工而成的功能营养性动物蛋白质饲料。根据血液来源，血浆蛋白粉分为猪血浆蛋白粉（SDPP）、低灰分猪血浆蛋白粉（LAPP）、母猪血浆蛋白粉（SDSPP）及牛血浆蛋白粉（SDBP）。血浆蛋白粉蛋氨酸含量低，在仔猪日粮中的比例超过6%时，必须补充蛋氨酸。血浆蛋白粉含消化能15.6兆焦/千克、粗蛋白质约70.0%、赖氨酸6.8%、蛋氨酸0.75%、苏氨酸4.2%、色氨酸1.2%、铁271毫克/千克左右。

（5）**蚕蛹粉及蚕蛹饼（粕）** 蚕蛹粉主要用缫丝加工的副产品经过除臭、烘干、脱脂、再烤干、粉碎生产而得。蚕蛹饼（粕）用蚕蛹经脱脂后加工而成。蚕蛹有高含量的蛋白质、不饱和脂肪酸、维生素、多种无机盐、脂肪，以及少量卵磷脂。用蚕蛹粉喂猪，可以使猪的增重率提高至22.5%，不仅有效缩短了育肥期，还提高了猪的出栏率。我国猪饲料中蚕蛹饼（粕）用量：体重20~35千克生长育肥猪用5%~10%，36~60千克猪用2%~8%，60~90千克猪用1%~5%。

（6）**脱脂乳粉** 脱脂乳粉是全乳经加热、离心分离、去除密度轻的乳脂，再经浓缩后干燥呈粉状。脱脂乳粉的蛋白质品质优于鱼粉、肉骨粉，适口性极好，消化率佳，是仔猪的优良开食饲料，但因价格昂贵，应限制用量。一般人工乳饲料添加以10%~20%为宜，仔猪料因成本昂贵，以3%~5%为宜。

（7）**羽毛粉** 羽毛粉是羽毛经清洗、高温高压、蒸汽或盐酸水解后干燥与粉碎制成的粉粒状物质。羽毛粉的粗蛋白质含量很高（85%~87%）；胱氨酸含量特别高，可达3%~4%；异亮氨酸含量也很高（5.3%），可与异亮氨酸含量不足的饲料（如血粉等）配伍。

羽毛粉必须与其他蛋白质补充料配合使用或添加赖氨酸和蛋氨酸，饲用效果才好。猪饲料中羽毛粉用量一般为3%~5%，仔猪不宜使用。

(8) 单细胞蛋白 单细胞蛋白也叫微生物蛋白，它是用许多工农业废料及石油废料人工培养的微生物菌体，是酵母、真菌、细菌和一些单细胞藻类等的总称。单细胞蛋白是一类凝缩的蛋白类产品，含粗蛋白质50%~85%，其氨基酸组分齐全，可利用率高，还含维生素、无机盐、脂肪和糖类等，其营养价值优于鱼粉和大豆粉。由于它们生产周期短，繁殖速度比动植物快上千倍，可以实现工业化生产，不与农业争地，也不受气候条件限制；原料来源广，可充分利用工农业废物。

饲用酵母是早已饲料化的单细胞蛋白饲料。一般蛋白质含量在40%~65%，脂肪含量在1%~8%，糖类含量在25%~40%，灰分含量在6%~9%，色氨酸、赖氨酸丰富。饲用酵母用于猪饲料中，有明显的促生长效果。但其味苦，适口性差，一般仔猪饲料中可使用3%~5%，育肥猪饲料中使用3%。酵母的细胞膜有妨碍消化酶作用的特点，国外生产的饲用酵母有时借自溶酶先将膜破坏再制成饲用酵母粉，这样可提高其饲用价值。

四、青绿饲料及青贮饲料

1. 青绿饲料

青绿饲料是供给猪饲用的幼嫩青绿植株、茎叶或叶片，因富含叶绿素而得名。青绿饲料主要包括天然牧草、栽培牧草、田间杂草、菜叶类、水生植物、嫩枝树叶等。合理利用青绿饲料，可以节省成本，提高养殖效益。青绿饲料含水分60%~80%、粗蛋白质4.5%~15%、碳水化合物7%~16%，维生素和矿物元素丰富，粗纤维含量比粗饲料少，故既可补充猪体的必需养分，又能满足猪的福利要求。青绿饲料具有产量高、青绿多汁、质地柔软松脆、适口性好、消化率高、轻泻止渴等特点，其品种齐全、来源广泛、成本低、采集方便、加工简单，能较好地被猪消化利用。

(1) 豆科青绿饲料 一般栽培的豆科青绿饲料主要有苜蓿、茗子、紫云英、蚕豆苗和三叶草等。豆科青绿饲料除具有青绿饲料的一般特点外，还具有蛋白质含量高、氨基酸较平衡、矿物元素与维生素丰富等特点，其营养价值高，适口性好，是优质青绿饲料。豆科青绿饲料在开花前粗纤维含量低，蛋白质含量较高，而在开花后粗纤维含量迅速增加，其品质下降。

紫花苜蓿为多年生草本植物，是目前栽培最广的一种豆科牧草，其营养价值高，品质好，适口性好，产量高，含大量的维生素，可在现蕾期开始收割，至盛花期停止使用。紫花苜蓿营养价值按干物质计，粗蛋白质含量为22%左右，粗纤维含量为23%左右；维生素含量较丰富。

【提示】
　　青绿饲料营养成分的变化受生长阶段的影响较禾本科更突出。随着生长进程粗纤维增多，木质化加快，因而用豆科青绿饲料喂猪，应特别注意适时（开花前期）采收。

（2）**禾本科青绿饲料**　禾本科青绿饲料主要包括禾本科的野生青草、大田饲料作物及人工栽培的牧草等。禾本科牧草与豆科牧草相比，具有粗蛋白质含量较低，糖类含量高，总营养价值稍低的特点。但其适应能力强，耐牧性强，木质素含量较低，适口性较好。随着植株由生长到成熟，粗纤维含量增加，粗蛋白质明显降低。因此，禾本科青绿饲料在抽穗前或幼苗期饲喂家畜效果好。

【提示】
　　注意某些含有氰苷的禾本科植物（如高粱苗等），当心引起中毒。

（3）**叶菜类青绿饲料**　叶菜类饲料种类较多，目前栽培的主要有苦荬菜、叶用甜菜、串叶松香草、聚合草等。此类饲料水分含量高，一般为75%~90%，柔软多汁，适口性好。干物质中粗蛋白质含量高，粗纤维含量低，钙、磷比例适当。该类饲料适口性较好，但鲜样的消化率较低。

（4）**水生饲料及其他** 水生饲料有水葫芦、水花生和绿萍。此类饲料含水量达95%以上，能值较低，粗蛋白质和其他养分含量也偏低，故营养价值较低，一般作为猪的饲料。饲用时应注意寄生虫病的发生。

另有鲜树叶类，林区和树木较多的地方，在不影响树木生长的情况下，可选用对动物无毒害的鲜树叶作为饲料。常用的有槐树叶、榆树叶、柳树叶和杨树叶等。

2. 青贮饲料

青贮饲料是将含水率为65%~75%的青绿饲料经切碎后，在密闭缺氧的条件下，通过厌氧乳酸菌的发酵作用，抑制各种杂菌的繁殖，而得到的一种粗饲料。青贮饲料气味酸香、柔软多汁、适口性好、营养丰富、利于长期保存，是家畜优良饲料来源。

（1）**青贮种类**

1）一般青贮：将原料切碎、压实、密封，在厌氧环境下使乳酸菌大量繁殖，从而将饲料中的淀粉和可溶性糖变成乳酸。当乳酸积累到一定浓度后，便抑制腐败菌的生长，将青绿饲料中养分保存下来。

2）半干青贮（低水分青贮）：原料水分含量低，使微生物处于生理干燥状态，生长繁殖受到抑制，饲料中微生物发酵弱，养分不被分解，从而达到保存养分的目的。该类青贮由于水分含量低，其他条件要求不严格，故较一般青贮扩大了原料的范围。

3）添加剂青贮：在青贮时加进一些添加剂来影响青贮的发酵作用，如添加各种可溶性碳水化合物、接种乳酸菌、加入酶制剂等，可促进乳酸发酵，迅速产生大量的乳酸，使 pH 很快达到要求（3.8~4.2）；或加入各种酸类、抑菌剂等可抑制腐败菌等不利于青贮的微生物的生长，如黑麦草青贮可按 10 克/千克的比例加入甲醛与甲酸（比例为3:1）的混合物；或加入尿素、氨化物等可提高青贮饲料的养分含量。这样可提高青贮效果，扩大青贮原料的范围。

（2）**常用青贮原料的选择** 可用于青贮的禾本科原料有玉米、黑麦草、无芒雀麦；豆科有苜蓿、三叶草、紫云英；其他根茎叶类有甘薯、南瓜、苋菜、水生植物等。为了保证青贮质量，选择青贮原料时要注意以下事项：

1）青贮原料的含糖量要高。青贮原料中的含糖量至少应为鲜重的 1%～1.5%。

2）应选择植物体内碳水化合物含量较高、蛋白质含量较低的原料作为青贮的原料，如禾本科植物、向日葵茎叶、块根类原料均是含碳水化合物高的种类。而含可溶性碳水化合物较少、含蛋白质较多的原料，如豆科植物和马铃薯茎叶等原料，较难青贮成功，一般不宜单贮，多采用将这类原料刈割后预干到含水量达 45%～55% 时，调制成半干青贮。

3）适当的水分是微生物正常活动的重要条件，水分过少，影响微生物的活性，另外也难以压实，造成好气性菌大量繁殖，使饲料发霉腐烂；水分过多，糖浓度低，利于酪酸菌的活动，易结块，青贮品质变差，同时植物细胞液汁流失，养分损失大。对水分过多的饲料，应稍晾干或添加干饲料混合青贮。青贮原料含水量达 65%～75% 时，最适合乳酸菌繁殖。豆科牧草含水量以 60%～70% 为宜；质地粗硬原料的含水量以 78%～80% 为好；幼嫩、多汁、柔软的原料含水量以 60% 为宜。

（3）**青贮方法**　制作青贮饲料的工序：收割→切碎→加入添加剂→装填贮存。

1）**收割**（彩图 17）。原料要适时收割，饲料生产中以获得最多营养物质为目的。收割过早，原料含水多，可消化营养物质少；收割过晚，纤维素含量增加，适口性变差，消化率降低。

玉米秸秆的采收：全株玉米青贮，一般在玉米籽粒乳熟期采收。玉米秸秆青贮，一般在玉米蜡熟至 70% 完熟时，叶片尚未枯黄或玉米茎基部 1～2 片叶开始枯黄时立即采摘玉米棒，采摘玉米棒的当日，最迟次日将玉米茎秆采收制作青贮。

牧草的采收：豆科牧草一般在现蕾至开花始期刈割青贮；禾本科牧草一般在孕穗至刚抽穗时刈割青贮；甘薯藤和马铃薯茎叶等一般在收薯前 1～2 天或霜前收割青贮。幼嫩牧草或杂草收割后可晾晒 3～4 小时（南方）或 1～2 小时（北方）后青贮，或与玉米秸等混贮。

2）切碎。为了便于装袋和贮藏，原料须经过切碎。玉米秸、串叶松香草秸秆或菊苣的秸秆青贮前均必须切碎到长1~2厘米，青贮时才能压实。牧草和藤蔓柔软，易压实，切短至3~5厘米青贮，效果较好。

3）加入添加剂（彩图18）。原料切碎后立即加入添加剂，目的是让原料快速发酵。可添加2%~3%的糖、甲酸（每吨青贮原料加入3~4千克含量为85%的甲酸）、淀粉酶和纤维素酶、尿素、硫酸铵、氯化铵等铵化物等。

4）装填贮存。通常可以用塑料袋和窖藏等方法。装窖前，底部铺10~15厘米厚的秸秆，以便吸收液汁。窖四壁铺塑料薄膜，以防漏水透气，装时要压实，可用推土机碾压（彩图19），人力夯实，一直装到高出窖沿60厘米左右，即可封顶。封顶时先铺一层切短的秸秆，再加一层塑料薄膜，然后覆土拍实或以轮胎压盖（彩图20）。四周距窖1米处挖排水沟，防止雨水流入。窖顶有裂缝时，及时覆土压实，防止漏气漏水。袋装法须将袋口张开，将青贮原料每袋装入专用塑料袋，用手压和用脚踩实压紧，直至装填至距袋口30厘米左右时，抽气、封口、扎紧袋口（彩图21和彩图22）。

（4）青贮饲料的特点

1）可以最大限度地保持青绿饲料的营养物质。一般青绿饲料在成熟和晒干之后，营养价值降低30%~50%，但在青贮过程中，由于密封厌氧，物质的氧化分解作用微弱，养分损失仅为3%~10%，从而使绝大部分养分被保存下来，特别是在保存蛋白质和维生素（胡萝卜素）方面要远远优于其他保存方法。

2）适口性好，消化率高。青绿饲料鲜嫩多汁，青贮使水分得以保存。青贮饲料含水量可达70%。同时在青贮过程中由于微生物发酵作用，产生大量乳酸和芳香物质，更增强了其适口性和消化率。此外，青贮饲料对提高家畜日粮内其他饲料的消化性也有良好作用。

3）可调剂青绿饲料供应的不平衡。由于青绿饲料生长期短，老化快，受季节影响较大，很难做到一年四季均衡供应。而青贮饲料一旦做成可以长期保存，保存年限可达2~3年或更长，因而可以弥补青绿饲料利用的时差之缺，做到营养物质全年均衡供应。

4）可净化饲料，保护环境。青贮能杀死青绿饲料中的病菌、虫卵，破坏杂草种子的再生能力，从而减少对畜、禽和农作物的危害。

（5）**青贮饲料的使用**　青贮饲料一般在调制后 30 天，即可开窖取用，取用时应逐层或逐段，从上往下分层利用，每天按畜禽实际采食量取出，切忌全面打开掏洞取用，尽量减少与空气接触，以防霉烂变质。青贮饲料是一种良好的饲料，但必须按营养需要与其他饲料搭配使用。仔猪和幼猪宜喂块根、块茎类青贮饲料。生长育肥猪用量以每头每天 1.0~1.5 千克为宜；哺乳母猪以每头每天 1.2~2.0 千克为宜；妊娠母猪以每头每天 3.0~4.0 千克为宜，妊娠最后 1 个月用量减半。青贮饲料不宜过多饲喂，否则可能因酸度过高而影响猪胃内酸度或体内酸碱平衡，降低其采食量。质量差的青贮饲料按一般用量饲喂，也可能产生不适或引起代谢病。

（6）**青贮饲料品质鉴定**

1）感官鉴定。青贮饲料在饲用前或饲用过程中要进行品质鉴定，确保饲用优良的青贮饲料。开启青贮容器时，根据青贮饲料的颜色、气味、口味、质地、结构等指标，通过感官评定其品质好坏，这种方法简便、迅速，详见表 1-13。

表 1-13　感官鉴定标准

品质等级	颜色	气味	酸味	结构
优良	青绿或黄绿色，有光泽，近于原色	芳香酸味，给人以好感	浓	湿润，紧密，茎、叶、花保持原状，容易分离
中等	黄褐或暗褐色	有刺鼻酸味，香味淡	中等	茎叶花部分保持原状。柔软、水分稍多
低劣	黑色、褐色或暗墨绿色	具特殊刺鼻腐臭味或霉味	淡	腐烂、污泥状、黏滑或干燥，或黏结成块，无结构

2）化学分析鉴定。化学分析鉴定可用于青贮饲料的酸碱度（pH）、各种有机酸含量、微生物种类和数量、营养物质含量变化及青贮饲料可消化性及营养价值等的测定，其中以测定 pH 及各种有机酸含量时使用较多，详见表 1-14。

表1-14 不同青贮饲料中各种酸含量

等级	pH	乳酸含量（%）	醋酸含量（%）		丁酸含量（%）	
			游离	结合	游离	结合
良好	4.0~4.2	1.2~1.5	0.7~0.8	0.10~0.15	—	—
中等	4.6~4.8	0.5~0.6	0.4~0.5	0.2~0.3		0.1~0.2
低劣	5.5~6.0	0.1~0.2	0.10~0.15	0.05~0.10	0.2~0.3	0.8~1.0

3）生物指标。青贮饲料中的微生物种类及其数量是影响青贮饲料品质的关键因素，微生物指标主要检测乳酸菌数、总菌数、霉菌数及酵母菌数，霉菌及酵母菌会降低青贮饲料品质及引起二次发酵。霉菌数参考《饲料卫生标准》（GB 13078—2017）。

五、粗饲料

猪常用的粗饲料包括青干草、秸秆与秕壳两类。青干草是人工栽培与野生青草收割后阴干或人工干燥制成的，营养价值较高；秸秆与秕壳是籽实收割后剩余的茎叶及皮壳，如稻草、玉米秸、豆秸、豆壳、麦壳等，它们的营养价值比青草低。粗饲料中粗纤维含量高（25%~30%），木质素多，体积大，消化率不高，营养价值较低，可利用养分少，但可填充猪的胃肠，给猪有饱的感觉，并可增加其胃肠蠕动，刺激消化功能。青草或青绿饲料，在结籽形成之前割下来晒干，制成干草，其营养价值虽不如精料和青饲料，但比其他种类的饲料要好，可适当搭配在精、青饲料内饲喂母猪和育肥猪。粗饲料对消化力弱的仔猪来说提供的营养很少，但对于消化能力强的母猪来说，其营养作用较高。粗饲料可以缩短饲料通过消化道的时间，可有效防止母猪便秘，有利于粪便排出，特别是对于限制饲喂时的妊娠母猪。

农作物籽实的外壳或夹皮称为秕壳，收获籽实后的茎叶部分称为秸秆。这类粗饲料体积大、纤维多、难消化，又缺乏蛋白质、维生素和矿物元素，所以用这类饲料如果不作处理的话，供猪饲喂量不宜超过饲料总量的3%~5%。如果采用粗饲料降解剂进行处理，则可以增加用量到15%左右，而不至于影响到猪的生长速度等。秕壳含粗纤维达30%~50%，木质素含量占粗纤维的6%~12%。因此，除薯秧、豌豆秸、青态绿豆秸、花生秧外，绝大部分秸秆、秕壳饲料质地很差，粗蛋白质含量低，不宜用于喂猪，但鲜嫩的青绿饲料可以用于喂猪，并可节省精饲料，降低养猪成本。

六、矿物质饲料

常用于猪的矿物质饲料以补充钠、氯、钙、磷等常量元素为主，通过以矿物质饲料原料的形式直接添加到饲料中，如食盐、蛋壳粉、碳酸钙等；微量矿物元素如铁、铜、锰、锌、硒等都是以添加剂预混料的形式使用的。

1. 钠源饲料

（1）**食盐**　主要成分是氯化钠（NaCl）。饲用食盐规格较多，生产中使用的有粗盐和精盐，粗盐含氯化钠95%，精盐含氯化钠99%以上，有粉状，也有块状。氯化钠是动物饲料中较缺乏或不足的元素，特别是草食动物更缺乏。钠和氯元素在体内主要与离子平衡、维持渗透压有关。食盐除提供钠和氯元素外，还有刺激食欲，参与胃酸形成，促进消化的作用。猪饲料中通常含食盐0.5%以上，缺乏则影响其食欲。

（2）**碳酸氢钠**　碳酸氢钠俗称小苏打，为白色晶体，或不透明单斜晶系细微结晶，无臭、无毒、味咸，可溶于水，微溶于乙醇，能够平衡电解质，减少热应激。

（3）**硫酸钠**　高纯度、颗粒细的无水物称为元明粉，白色、无臭、有苦味的结晶或粉末，有吸湿性。外形为无色、透明、大的结晶或颗粒性小结晶。硫酸钠暴露于空气中易吸水，生成十水合硫酸钠，又名芒硝，偏碱性。硫酸钠可补充钠、硫，并对畜禽有健胃及替代部分蛋氨酸的作用。

2. 钙磷饲料

钙和磷是猪需要最多的两种矿物元素，占猪体矿物质总量的65%～70%，其中90%以上存在于骨骼中。猪体内每沉积100克蛋白质（约相当于450克瘦肉的含量）要沉积6～8克钙和2.5～4克磷。钙、磷两者按一定比例沉积在骨骼内，因此，饲料中含有的钙、磷也应保持适当的比例，以保证猪的需要，常用的钙、磷比例为 2:1。

（1）碳酸钙 碳酸钙（$CaCO_3$）是一种无机化合物，俗称石灰、石灰石、石粉、大理石等。呈白色固体状，无味、无臭。根据碳酸钙生产方法的不同，可以将碳酸钙分为重质碳酸钙、轻质碳酸钙、胶体碳酸钙和晶体碳酸钙。常用作饲料的是重质碳酸钙、轻质碳酸钙。重质碳酸钙是用机械方法（用雷蒙磨或其他高压磨）直接粉碎天然的方解石、石灰石、白垩、贝壳等就可以制得，动物的利用率较低。轻质碳酸钙，又称沉淀碳酸钙，简称轻钙，是将石灰石等原料煅烧生成石灰（主要成分为氧化钙）和二氧化碳，再加水消化石灰生成石灰乳（主要成分为氢氧化钙），然后再通入二氧化碳碳化石灰乳生成碳酸钙沉淀，最后经脱水、干燥和粉碎而制得，动物利用率较高。

（2）石粉 石粉的主要成分为碳酸钙，呈浅灰色至灰白色。其中钙含量为 35%~39%。天然的石灰石只要铅、砷、氟的含量不超过安全系数，就可用作饲料。

（3）贝壳粉 贝壳粉也称蛎壳粉，主要由蚌壳、牡蛎壳、蛤蜊壳、螺壳等烘干后制成的粉，多呈灰白色、灰色、灰褐色，是良好的钙质饲料，含碳酸钙 96.4%，含纯钙量为 38.0%。

💡【提示】
　　贝壳粉易掺杂砂石和泥土等杂质，使用时注意检查。

（4）蛋壳粉 蛋壳粉是鸡蛋壳烘干后制成的粉。蛋壳粉含有有机物质，其中粗蛋白质含量在 12.0% 左右，含钙 25%。用鲜蛋壳制粉要注意消毒，防止细菌污染带来疫病。

（5）脱氟磷矿石 脱氟磷矿石含磷 12.6%、含钙 26.0%，有代替骨粉的效果，但应该注意其氟含量是否超标。

（6）磷酸氢钙 磷酸氢钙也称磷酸二钙，是工业磷酸与石灰乳或碳酸钙中和生产的饲料级产品，是饲料工业中钙和磷的补充剂，为白色、微黄色、微灰色粉末或颗粒状，含磷 19.0%，含钙 24.3%，钙磷比平衡。

（7）**骨粉**　骨粉含磷11%～15%，含钙25%～34%；骨质沉淀磷酸钙含磷11.4%，含钙28.3%。在各种动物的日粮中都可以广泛应用骨粉，只要氟不超量，无任何副作用。

3. 其他矿物质

沸石是一种含水的硅酸盐矿物，在自然界中多达40多种，沸石中含有磷、铁、铜、钠、钾、镁、钙、银、钡等20多种矿物元素，是一种质优价廉的矿物质饲料。饲料中加入沸石可以减缓食物通过消化道的速度，从而提高营养的利用率。在配合饲料中用量可占1%～3%。

【注意】

矿物质饲料使用注意事项：

1）钙、磷质量。一般有机饲料中钙、磷不平衡，平均在1：10左右。植酸磷利用率，对于单胃动物不超过50%。仔猪对植酸磷只有10%～20%的利用率。有效钙、磷含量和平衡应认真考虑。猪配合饲料中含63%的无机磷，方可保证磷的有效含量和供给。

2）注意微量元素之间的相互作用。补充矿物质饲料要特别注意高镁的问题，高镁（大于0.5%）可能导致磷缺乏（因相互作用形成不可用的磷酸盐）。

3）钙、磷与其他元素之间的拮抗作用。钙与锌、锰、铜、碘、铁、镁，磷与锌、锰、钼、铁、镁等都存在拮抗作用。

4）草酸、脂肪酸等的副作用，可能使钙皂化，影响钙吸收。

5）猪日粮中钙含量高于1%，可能产生锌缺乏。

七、饲料添加剂

要保持仔猪有较高的生长速度和成活率，必须满足其营养需要，除使用常规饲料，添加维生素、矿物质和微量元素外，要根据仔猪的

生理特点，合理使用一些添加剂。

1. 营养性添加剂

（1）**维生素饲料添加剂**　维生素饲料添加剂下游产品可衍生为多维预混料，与氨基酸和矿物质复配为复合添加剂预混料，与蛋白质饲料复配为浓缩料，与能量原料复配为配合料。作为前端产品，维生素与氨基酸、矿物质一起发挥协同作用。维生素能够节省粮食，提高饲料转化率，维持动物健康生长。维生素在饲料中应用占比如图1-1所示。动物营养界对维生素用量按照养殖动物需求逐级加大分为以下5个层次：①基础添加量（无临床缺乏症）；②生产需要量（指维持正常生长性能）；③最大酶活动和免疫反应；④最大生长和生产性能；⑤特殊或功能性需要。

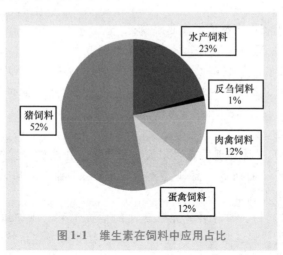

图1-1　维生素在饲料中应用占比

维生素的添加量，取决于猪对维生素的需要量和维生素在添加剂、预混料和配合饲料中的稳定性。猪对维生素的需要量和维生素的稳定性均受许多因素的影响，在实际应用中主要考虑以下因素：①日粮组成及各种养分的含量及其互作关系；②饲料中维生素拮抗因子；③饲料中固有维生素的利用率；④饲养方式；⑤环境条件（温度等）；⑥猪的健康状况及应激；⑦如果增加维生素A、维生素E、维生素C和某些B族维生素等一倍或更高，能增加猪的抗病力；⑧维生素在各种饲料中常引起损失；⑨对价格高的维生素应考虑成本的增加情况，在一定范围内应少用、限用。

1）维生素 A。维生素 A 制剂有 3 种类型：维生素 A 醇、维生素 A 乙酸酯与维生素 A 棕榈酸酯。维生素 A 醇不稳定，因此工业化生产中，常生产其较稳定的乙酸酯和棕榈酸酯等提高其稳定性。为提高稳定性还可加入抗氧化剂，也常与增效剂和络合剂相结合使用。油状维生素 A 不适于在动物饲料中使用，它不能均匀分散地被饲料原料吸附。为此，发展了干粉状微粒，把维生素 A 油附着于载体物质中。

 【小经验】

　　维生素 A 的真假鉴别：取样品 0.1 克，用无水乙醇润湿研磨使其溶解，加氯仿 10 毫升，再加三氯化锑的氯仿溶液 0.5 毫升，溶液先显蓝色并立即褪色，即为真品。

2）维生素 D。维生素 D 分为维生素 D_2（即麦角钙化醇）和维生素 D_3（即胆钙化固醇）两种。维生素 D 对氧化剂、光和酸敏感。由于对维生素 D 的稳定性和应用与维生素 A 极为相似，所有商品形式也是油液、粉剂和水乳液。它是维生素家族中唯一可以通过阳光照射产生的物质。商品维生素 D 通常要进行特殊的防氧化和包被处理，制成每克效价为 50 万国际单位或 10 万国际单位的微粒膜囊或微粒粉剂。1 国际单位维生素 D 相当于 0.025 微克维生素 D_3。

3）维生素 E。维生素 E 又称生育酚、抗不育维生素。维生素 E 有 8 种形式，即 α、β、γ、δ 生育酚和 α、β、γ、δ 三烯生育酚，统称为维生素 E，都具有维生素 E 活性，其中 α- 生育酚的活性最高。α- 生育酚是一种有效的抗氧化剂，对维生素 A 具有保护作用，参与脂肪的代谢，维持内分泌的正常机能，使性细胞正常发育，提高繁殖性能。在每吨仔猪饲料中添加 40 ~ 60 克维生素 E，可增强猪的免疫力，降低断奶仔猪死亡率，并可预防仔猪水肿病的发生，减少仔猪断奶应激。

【小经验】

维生素 E 的真假鉴别：取样品 15 毫克，加无水乙醇 15 毫升使其溶解，加硝酸 2 毫升，摇匀加热 15 分钟，溶液显橙红色，即为真品；亚硒酸钠维生素 E 粉外观呈白色或类白色粉末，取样品 0.5 克，加乙醇 30 滴振摇过滤，过滤液中加硝酸 5 滴，加热变成红色方为真品。

4）维生素 K。维生素 K 被称为抗出血维生素，是维持血液正常凝固所必需的物质。天然维生素 K 有维生素 K_1、维生素 K_2 两种。维生素 K_1 主要存在于青绿植物中，能被空气中的氧缓慢氧化，也能被光和碱迅速分解破坏，对热较稳定。维生素 K_2 主要存在于微生物体内。人工合成的维生素 K 为甲萘醌，被称为维生素 K_3（亚硫酸氢钠甲萘醌），甲萘醌在饲料中被大量使用。维生素 K_3 制剂有亚硫酸氢钠甲萘酮（MSB）、亚硫酸氢钠甲萘醌复合物（MSBC）和亚硫酸二甲基嘧啶甲萘醌（MPB），其活性成分为甲萘醌。

【小经验】

维生素 K 的真假鉴别：外观呈白色或灰黄褐色晶体粉末。取样品 0.1 克，加水 10 毫升溶解，加碳酸钠溶液 3 毫升，有鲜黄色沉淀生成的为真品。

5）硫胺素（维生素 B_1）。硫胺素用作饲料添加剂的主要是由化学合成法制得的硫胺素盐酸盐（盐酸硫胺素）和硝酸盐（单硝酸硫胺素）。盐酸硫胺素是硫胺素最重要的商品形式，含有效成分 78.7%，为白色结晶或结晶性粉末，略有特异性臭味，在避光避潮条件下较稳定。单硝酸硫胺素，含有效成分 81.1%，为白色或微黄色结晶性粉末，无臭或略有特异性臭味，微溶于水，吸湿性小。

【小经验】

硫胺素的真假鉴别：取样品 0.1 克，加水少许振摇，过滤，在滤液中加碘试剂 3 滴，若有棕色沉淀生成，即为真品。

6）核黄素（维生素 B_2）。商品形式为核黄素及其酯类，如核黄素醋酸酯、核黄素丁酸酯、核黄素磷酸钠。核黄素纯品为黄色至橙色结晶或结晶性粉末，微臭，味微苦，易溶于稀碱溶液，难溶于水和乙醇。维生素添加剂商品制剂除纯品外，还有以大豆皮粉或玉米芯粉等作为载体或稀释剂制成的多种不同浓度的产品。市售的核黄素添加剂中含核黄素有 96%、80%、55% 和 50% 等多种。

【小经验】

核黄素的真假鉴别：取样品 0.5 克，加水少许溶解，提取上清液，加入稀盐酸或氢氧化钠试液 2 滴，上清液中黄色荧光消失，即为真品。

7）泛酸。泛酸有 3 种形式，右旋泛酸钙、右旋泛酸钠、右旋泛醇。D-泛酸对许多因素十分敏感，故商业上生产其钙盐和钠盐。若能保持干燥，后者十分稳定。泛酸盐的水溶液在 pH 5.0～7.0 时相当稳定。它们对热敏感，容易水解，特别是在有酸或碱存时。饲料上常使用 D-泛酸钙，其生物活性为泛酸的 92%，白色吸湿性粉末，无臭，味微苦，易溶于水，溶于乙醇。

8）吡哆醇（维生素 B_6）。常用商品形式为盐酸吡哆醇，白色结晶，活性成分含量为 82.3%。对热和氧稳定，在中性和碱性溶液中遇光降解，在酸性溶液中降解较少。在 pH 3.0～5.0 之间最稳定。特殊用途时可使用包膜盐酸吡哆醇。

9）维生素 B_{12}（钴胺素）。维生素 B_{12} 最突出的特征是它不同于其他任何维生素，自然界中的维生素 B_{12} 都是微生物合成的，高等动植物不能产生维生素 B_{12}，植物性食物中基本上没有维生素 B_{12}。维生素 B_{12} 不宜与有还原作用的维生素 C 等配伍。

10）烟酸（或烟酰胺）。烟酸和烟酰胺具有相同的活性，游离的烟酸在体内能转化为烟酰胺。使用饲料添加剂烟酰胺比烟酸更直接，避免游离的烟酸进入动物体内再去转换成烟酰胺。烟酸为白色结晶性粉末，微溶于水，稳定性较好。烟酰胺易与维生素 C 生成复合物而结块。市售的烟酸添加剂活性成分为 98%～99.5%。

11）生物素。生物素的补充物为右旋生物素（D-生物素），制纯品一般含 D-生物素98%以上，是一种近白色结晶性粉末。因生物素在饲料中使用量极微，作为饲料添加剂的商品制剂一般为含 D-生物素1%或2%的预混料。

12）叶酸。叶酸为黄色或橙黄色结晶粉末。易溶于稀酸、稀碱，稍溶于水。叶酸在空气和热环境中较稳定，而光特别是紫外线对其有破坏作用。

13）维生素 C。维生素 C 又叫抗坏血酸，酸性很强，对其他维生素有影响，在制作复合维生素预混料时，要避免直接混合。

14）胆碱。市售胆碱为氯化胆碱，1毫克氯化胆碱相当于0.87毫克胆碱。氯化胆碱的碱性很强，对其他维生素有破坏作用，所以不可与其他维生素直接混合。

（2）氨基酸添加剂　氨基酸是含氨基和羧基的有机化合物的统称，其中蛋白质氨基酸有20种，非蛋白质氨基酸有450多种。氨基酸的添加量是以整个日粮内氨基酸平衡为基础的，要按照日粮限制性氨基酸的顺序，依次添加，尽量使各种氨基酸的化学分值（化学分值＝饲料中有效氨基酸含量/猪的相应氨基酸需要量×100）接近或超过100。

1）赖氨酸。饲料中添加的赖氨酸有两种，即 L-赖氨酸和 DL-赖氨酸。因动物只能利用 L-赖氨酸，故主要为 L-赖氨酸产品，DL-赖氨酸产品应标明 L-赖氨酸含量保证值。国家标准饲料级 L-赖氨酸盐酸盐的纯度为98.5%，相当于含赖氨酸（有效成分）78.8%以上，为白色至浅黄色颗粒状粉末，稍有异味，易溶于水。

赖氨酸是猪常用饲料的第一限制性氨基酸，仔猪全价配合饲料中添加量为0.10%~0.15%，生长育肥猪添加量为0.02%~0.05%。饲料中添加赖氨酸，一般是以纯 L-赖氨酸的重量来表示的。而我们常用的是 L-赖氨酸盐酸盐，标明的含量为98.5%，扣除盐酸的重量后，L-赖氨酸的含量只有78.84%。因此，在使用时应进行计算：

例如，1000千克的饲料中添加0.1%的赖氨酸，实际需要的 L-赖氨酸盐酸盐的量为

$$\frac{1000 \times 0.1\%}{98.5\% \times 78.8\%} 千克 = 1.288\ 千克$$

2）蛋氨酸。目前作为蛋氨酸添加剂的产品主要有 DL-蛋氨酸和 DL-蛋氨酸羟基类似物（MHA）及其钙盐（MHACa），此外，还有蛋氨酸金属螯合物。动物吸收 MHA 后，可转化为蛋氨酸。MHA 的效价相当于纯蛋氨酸的 80%。DL-蛋氨酸为白色至浅黄色结晶粉末，易溶于水，有光泽，有特异性臭味。一般饲料级制剂纯度要求在 98.5% 以上。

【提示】

　　蛋氨酸在饲料中的添加量，原则上只要补足饲料中蛋氨酸的不足部分，蛋氨酸和胱氨酸都是含硫氨基酸，在动物体内蛋氨酸可以转化为胱氨酸，故计算配方时，也可添加蛋氨酸以补足蛋氨酸加胱氨酸的不足部分。一般在仔猪的全价配合料中蛋氨酸的添加量为 0.03%~0.05%。

【小经验】

　　蛋氨酸的检查：①感官检查，真蛋氨酸为纯白或微带黄色、有光泽结晶，尝有甜味，而假蛋氨酸为黄色或灰色，闪光结晶，极少有怪味、涩感；②灼烧，取瓷质坩埚 1 个加入 1 克蛋氨酸，在电炉上炭化，然后在 55℃ 马弗炉上灼烧 1 小时，真蛋氨酸残渣在 1.5% 以下，假蛋氨酸在 98% 以上；③溶解，取 250 毫升烧杯一个，加 50 毫升蒸馏水，再加入 1 克蛋氨酸，轻轻搅拌，假蛋氨酸不溶于水，而真蛋氨酸几乎全溶于水。

3）色氨酸。色氨酸作为饲料添加剂，有化学合成的 DL-色氨酸和发酵法生产的 L-色氨酸。皆为无色至微黄色晶体，有特异性气味。DL-色氨酸对猪的生物学有效性相当于 L-色氨酸的 80%~85%。

玉米、肉粉、肉骨粉中色氨酸含量很低，仅能满足猪需要量的 60%~70%。在猪的玉米-豆饼型饲料中，色氨酸可能是第二限制氨基酸。另外，色氨酸的代谢产物 5-羟色胺在动物体内有抗高密度、断奶等应激，促进 γ-球蛋白的产生，增强猪体抗病力的作用。由于价格和饲料中色氨酸的分析问题，色氨酸的应用受到限制，目前仍主要应用于仔猪人工乳，以增强抗病力，其添加量为 0.02%～0.05%，或用于哺乳母猪饲料。

4）苏氨酸。苏氨酸为白色斜方晶系或结晶性粉末，无臭，味微甜。作为饲料添加剂的主要是由发酵生产的 L-苏氨酸，苏氨酸通常是第三、第四限制性氨基酸，在大麦、小麦为主的饲料中，一般缺乏苏氨酸。尤其在低蛋白质的大麦（或小麦）-豆饼型日粮中，苏氨酸常是第二限制性氨基酸。故在植物性低蛋白质日粮中，添加苏氨酸效果显著，特别是补充了蛋氨酸、赖氨酸的日粮，同时再添加色氨酸、苏氨酸，可得到最佳效果。猪饲料中所占的比例：教槽期为 0.95%～1.1%，保育期为 0.75%～0.9%，生长期为 0.65%～0.75%，育肥期为 0.45%～0.55%，妊娠期为 0.42%～0.50%，哺乳期为0.55%～0.65%。

（3）微量元素添加剂 微量元素是动物生存必需的营养素，在动物体内及饲料中含量虽少，但对于畜禽的生长发育和健康却关系重大。微量元素营养经历了无机盐、简单有机化合物、微量元素氨基酸螯合物及缓释微量元素 4 个发展阶段。与前面两者相比，微量元素氨基酸螯合物更容易被机体吸收利用，具有更高的生物利用率，并且在防治疾病、抗应激、提高养分利用率和改善畜禽的繁殖性能方面有着特殊作用，只是价格较贵，使用受到了限制，而缓释微量元素效果好，用量少，成本低，这将是以后微量元素添加剂的一个重要发展方向。

1）铁添加剂。用于饲料添加剂的有：硫酸亚铁、硫酸铁、碳酸亚铁、氯化亚铁、磷酸铁、柠檬酸铁（枸橼酸铁）、柠檬酸铁铵（枸橼酸铁铵）、葡萄糖酸铁、富马酸亚铁（延胡索酸铁）、甘氨酸铁等。硫酸亚铁是最常用的铁补充剂。用作饲料添加剂的多为含 7 个分子结晶水的硫酸亚铁，为浅绿色结晶性粉末。国家标准规定：补铁制剂产品含硫酸亚铁（含 7 个分子结晶水）大于或等于 98.0%，含铁量大于或等于 19.68%。为了预防哺乳期仔猪的缺铁性贫血，可口服硫酸亚铁或氯化亚铁，但效果不理想，多用注射法进行补铁。在仔猪出生后 2 ~ 3 天，肌内注射葡聚糖铁(右旋糖酐铁)150 ~ 200 毫克。

2）铜添加剂。含铜添加剂有硫酸铜、氧化铜、碳酸铜和蛋氨酸螯合铜等。其中硫酸铜不仅生物学效价高，而且还有促生长作用，饲用效果好，成本低，因而应用最为广泛。硫酸铜常用的补铜制剂产品含五水硫酸铜大于或等于 98.5%，含铜量大于或等于 25.0%。市售硫酸铜产品有两种：含 5 个结晶水的五水硫酸铜为蓝色、无味结晶或结晶性粉末；无水和含 1 个结晶水的无水硫酸铜和一水硫酸铜为青白色、无味粉末，由五水硫酸铜脱水制得。

【提示】

五水硫酸铜易吸湿返潮、结块，但结块并不失效；易溶于水，水溶液呈酸性（pH 为 2.5 ~ 4）；对饲料中的有些养分有破坏作用，不易加工，加工前应进行脱水处理。

【注意】

使用时应注意，避免与眼睛、皮肤接触及吸入体内；注意配伍禁忌，铜会促进不稳定脂肪酸的氧化而造成酸败，同时还会破坏维生素。

3）钴的补充物。钴添加剂原料生产上常用硫酸钴和碳酸钴，市售的有七水硫酸钴和一水硫酸钴两种产品，硫酸钴是无味的橘红色透明结晶或砂状结晶，具有中度至高度的吸水性，易溶于水，含钴 21% 左右。一水硫酸钴是无味的粉红色至紫色结晶性粉末，不易吸水，但易溶于水，含钴 34% 左右。碳酸钴为粉红色至紫色结晶性粉末，不易吸水，不溶于水，室温下稳定，含钴 40% 左右。碳酸钴的利用率较高，是良好的钴源，且耐储存。

【提示】

硫酸钴储存太久会有结块现象，应注意防范。

4）锌添加剂。锌添加剂有氧化锌、碳酸锌和硫酸锌等。它们的

生物学效价都较高。

硫酸锌有两种产品形式，即7个结晶水硫酸锌和1个结晶水硫酸锌。7个结晶水硫酸锌为无色结晶或白色无味的结晶性粉末，加热、脱水即成1个结晶水硫酸锌。最好用含1个结晶水的硫酸锌作为饲料添加剂，外观呈乳黄色或白色结晶粉末，溶水性好，99%可溶于水。国家标准对含1个结晶水产品要求含硫酸锌大于或等于98.0%，含锌大于或等于35.0%。

氧化锌为白色粉末，有效成分的比例高（含锌80.3%），成本低，稳定性好。储存时间长，不结块、不变性，在预混料和配合饲料中对其他活性物质无影响，具有良好的加工特性。以2000~3000毫克/千克加入仔猪饲料中，可有效降低腹泻发生率，促进增重。

5）锰添加剂。常用的锰添加剂为硫酸锰、氧化锰和碳酸锰。此外，有机二价锰生物有效性都比较好，尤其是某些氨基酸络合物，但成本高，未能大量应用。

市售的硫酸锰一般为1个结晶水的硫酸锰，为浅红色粉末。此外，还有含2~7个结晶水的硫酸锰，都可很好地被动物利用。硫酸锰产品随结晶水的减少其锰的利用率降低，但含结晶水越多，越易吸湿、结块，加工不便，且影响饲料中某些营养物质如维生素的稳定性，故1个结晶水的硫酸锰应用广泛。我国标准规定：产品含硫酸锌大于或等于98.0%，含锰大于或等于31.8%。

氧化锰生物学效价较低，但化学性质稳定，有效成分含量高，相对价格低。氧化锰因烘焙温度不同，可生产不同含量的产品，如含锰55%、60%、62%3种规格的氧化锰，分别为棕色、绿棕色和绿色粉末。

6）碘添加剂。常用的含碘化合物有碘化钾、碘化钠、碘酸钾、碘酸钠和碘酸钙等。一般多用碘酸钙，其较稳定，其他几种化合物易分解而引起碘损失。国家标准饲料级碘化钾为白色结晶，产品含碘化钾大于或等于99.0%、碘含量大于或等于75.7%、砷小于或等于0.0002%、铅小于或等于0.001%、钡小于或等于0.001%，细度要求95%通过800微米试验筛。

7）硒添加剂。硒添加剂一般用硒酸钠或亚硒酸钠。亚硒酸钠为无色结晶粉末或浅粉红色结晶粉末，我国标准规定：产品含亚硒酸钠大于或等于98.0%，含硒大于或等于44.7%，水溶液澄清。

【提示】

亚硒酸钠是毒性极强的物质，使用时必须特别慎重，在配合饲料中要充分拌匀，以防止硒中毒。

2. 非营养性添加剂

非营养性添加剂有着特殊明显的维护健康、促进生长和提高饲料利用率等的作用。

（1）**抗生素添加剂**　凡能抑制微生物生长或杀灭微生物的物质，包括微生物代谢产物、动植物体内的代谢产物或化学合成、半合成法制造的相同的或类似的物质，以及这些来源的药物都可称为抗生素。其主要用于促进生长、提高饲料利用率，保持稳定的生产能力和控制疾病感染，在猪的日粮中最常见的抗生素有喹乙醇、杆菌肽锌、泰乐菌素、土霉素等。2020年7月1日起，我国饲料生产企业将停止生产含有促生长类药物饲料添加剂（中药类除外）的商品饲料。

（2）**驱虫保健剂**　驱虫保健剂主要用于预防和治疗猪寄生虫病。驱虫药一般需多次投药，第一次只能杀灭成虫或驱除成虫，其后杀灭或驱除卵中孵出的幼虫。在驱虫期间，圈舍要勤打扫，以防排出体外的虫与虫卵再次进入猪体内。以饲料添加剂的形式用药为连续用药，有较好的驱虫效果，是在大群体、高密度饲养管理条件下，方便而有效地预防和控制寄生虫的方法。

（3）**抗氧化剂和防霉剂**　饲料保存不当时会变质，影响饲料的适口性，降低饲料的营养价值，甚至产生有毒物质，直接危害猪的健康。常用的抗氧化剂有丁基化羟基甲苯、甲氧基苯、维生素C、维生素E、三道喹等，常用的防霉剂多为有机酸和有机酸盐，如丙酸、丙酸钙、甲酸钙、甲醛、柠檬酸、酒石酸等。

（4）**酶制剂**　由于仔猪胃肠道的消化功能较差，消化酶明显不足，因此须在仔猪饲料中添加酶制剂以提高饲料利用率。酶制剂宜选用复合酶，在 35 日龄的断奶仔猪日粮中添加 0.1% 的复合酶，可使日增重提高 8.29%，饲料转化率提高 38.89%。

（5）调味剂　在饲料中添加乳猪香和乳猪宝等调味剂，可使仔猪日增重提高 11%～18%，采食量提高 10%～15%。调味剂在每吨饲料中的添加量一般为 40～500 克，但必须选择经农业部门批准、允许使用的调味剂品种。

（6）酸化剂　在仔猪饲料中添加柠檬酸、延胡索酸、甲酸钙等有机酸，可降低饲料和仔猪胃肠道的 pH，促进仔猪生长发育，提高饲料利用率，并可控制有害微生物的繁殖，防止仔猪疾病的发生。

（7）微生物制剂　微生物制剂（如益生素等），具有维持消化道菌种的动态平衡，抑制和排斥病原菌，防止动物腹泻，提高动物免疫应激能力等功能。仔猪从出生后 1～2 天开始直接饲喂益生素，断奶仔猪成活率可提高 4%～5%，一般每吨仔猪饲料中添加 2～3 千克益生素。

第二章
猪的饲养标准及饲料配方设计方法

第一节　猪的饲养标准

所谓饲养标准，是以猪的营养需要（猪在生长发育、繁殖、生产等生理活动中每天对能量、蛋白质、维生素和矿物元素的需要量）为基础，经过多次试验和反复验证后对某一类猪在特定环境和生理状态下的营养需要得出的在生产中应用的估计值。在饲养标准中，详细地规定了猪在不同生长时期和生产阶段，每千克饲料中应含有的能量、粗蛋白质、各种必需氨基酸、矿物元素及维生素含量或每天需要的各种营养物质的数量。有了饲养标准，就可以按照饲养标准来设计日粮配方，进行日粮配制，避免实际饲养中的盲目性。但是，猪的营养需要受到猪的品种、生产性能、饲料条件、环境条件等多种因素影响，选择标准应该因猪制宜，因地制宜。近年来，猪的饲养逐渐趋向于自动化，仔猪自动化喂奶设备（彩图23）、自动化湿料饲喂设备（彩图24）、自动饲喂设备（彩图25~彩图27）、母猪定位栏（彩图28）等应用越来越广泛。

一、仔猪的饲养标准

目前仔猪饲料的配制，外种猪大多参照NRC(2012)标准（表2-1），外内杂交猪和地方瘦肉型猪多采用我国《猪饲养标准》（NY/T 65—2004），见表2-2和表2-3。在应用饲养标准时，可按生产水平、饲养条件对标准中营养供给量进行适当调整，前期料可参照3~8千克阶段，后期料可参照8~20千克阶段。

表 2-1　仔猪的饲养标准（NRC，2012）

项　目		体重/千克		
		5 ~ 7	7 ~ 11	11 ~ 25
增重/（克/天）		210	335	585
日粮有效消化能/（千卡/千克）①		3542	3542	3490
日粮有效代谢能/（千卡/千克）		3300	3300	3300
日粮净能/（千卡/千克）		2448	2448	2412
粗蛋白质/（克/天）		51.87	81.86	145
氨基酸/（克/天）	赖氨酸	4.0	6.3	11.1
	精氨酸	1.8	2.9	5.1
	组氨酸	1.4	2.2	3.8
	亮氨酸	4.0	6.3	11.1
	异亮氨酸	2.0	3.2	5.7
	蛋氨酸＋胱氨酸	0.80	0.59	0.51
	苏氨酸	2.3	3.7	6.6
	色氨酸	0.7	1.0	1.8
	缬氨酸	2.5	4.0	7.1
	苯丙氨酸	2.3	3.7	6.6
	苯丙氨酸＋络氨酸	3.7	5.8	10.3
总钙/（克/天）		2.26	3.75	6.34
总磷/（克/天）		1.86	3.04	5.43

① 1 千卡/千克 ＝4186.8 焦/千克

表 2-2　瘦肉型仔猪及每千克饲料养分含量（自由采食，88% 干物质）

项　目	体重/千克	
	3 ~ 8	8 ~ 20
平均体重/千克	5.5	14.0
日增重/（千克/天）	0.24	0.44
采食量/（千克/天）	0.30	0.74
饲料量增重比	1.25	1.59
饲料消化能含量/（兆焦/千克）	14.02	13.60

（续）

项　目		体重/千克	
		3~8	8~20
饲料代谢能含量/（兆焦/千克）		13.46	13.06
粗蛋白质含量（%）		21.0	19.0
能量蛋白比/（千焦/%）		668	716
赖氨酸能量比/（克/兆焦）		1.01	0.85
氨基酸含量(%)	赖氨酸	1.42	1.16
	蛋氨酸	0.40	0.30
	蛋氨酸+胱氨酸	0.81	0.66
	苏氨酸	0.94	0.75
	色氨酸	0.27	0.21
	异亮氨酸	0.79	0.64
	亮氨酸	1.42	1.13
	精氨酸	0.56	0.46
	缬氨酸	0.98	0.80
	组氨酸	0.45	0.36
	苯丙氨酸	0.85	0.69
	苯丙氨酸+酪氨酸	1.33	1.07
矿物元素含量	钙（%）	0.88	0.74
	总磷（%）	0.74	0.58
	非植酸磷（%）	0.54	0.36
	钠（%）	0.25	0.15
	氯（%）	0.25	0.15
	镁（%）	0.04	0.04
	钾（%）	0.30	0.26
	铜/毫克	6.00	6.00
	碘/毫克	0.14	0.14
	铁/毫克	105	105
	锰/毫克	4.00	4.00
	硒/毫克	0.30	0.30
	锌/毫克	110	110

（续）

项　目		体重/千克	
		3~8	8~20
维生素和脂肪酸含量	维生素 A/国际单位	2200	1800
	维生素 D$_3$/国际单位	220	200
	维生素 E/国际单位	16	11
	维生素 K/毫克	0.50	0.50
	硫胺素/毫克	1.50	1.00
	核黄素/毫克	4.00	3.50
	泛酸/毫克	12.00	10.00
	烟酸/毫克	20.00	15.00
	吡哆醇/毫克	2.00	1.50
	生物素/毫克	0.08	0.05
	叶酸/毫克	0.30	0.30
	维生素 B$_{12}$/微克	20.00	17.50
	胆碱/克	0.60	0.50
	亚油酸（%）	0.10	0.10

注：1. 本表数据基于瘦肉率高于56%的公母猪混养猪群（阉公猪和青年母猪各一半）。
　　2. 3~20千克猪的赖氨酸百分比是根据试验和经验数据的估测值，其他氨基酸需要量是根据其与赖氨酸的比例（理想蛋白质）的估测值。
　　3. 假定代谢能为消化能的96%。
　　4. 矿物质需要量包括饲料原料中提供的矿物质。
　　5. 维生素需要量包括饲料原料中提供的维生素。
　　6. 1国际单位维生素 A = 0.344 微克维生素 A 醋酸酯。
　　7. 1国际单位维生素 D$_3$ = 0.025 微克胆钙化醇。
　　8. 1国际单位维生素 E = 0.67 毫克 D-α-生育酚或 1 毫克 DL-α-生育酚醋酸酯。

表 2-3　瘦肉型仔猪每天每头养分需要量（自由采食，88% 干物质）

项　目	体重/千克	
	3~8	8~20
饲料消化能摄入量/(兆焦/天)	4.21	10.06
饲料代谢能摄入量/(兆焦/天)	4.04	9.66
粗蛋白质/(克/天)	63	141

（续）

项 目		体重/千克	
		3~8	8~20
氨基酸 （克/天）	赖氨酸	4.3	8.6
	蛋氨酸	1.2	2.2
	蛋氨酸＋胱氨酸	2.4	4.9
	苏氨酸	2.8	5.6
	色氨酸	0.8	1.6
	异亮氨酸	2.4	4.7
	亮氨酸	4.3	8.4
	精氨酸	1.7	3.4
	缬氨酸	2.9	5.9
	组氨酸	1.4	2.7
	苯丙氨酸	2.6	5.1
	苯丙氨酸＋酪氨酸	4.0	7.9
矿物元素	钙/（克/天）	2.64	5.48
	总磷/（克/天）	2.22	4.29
	非植酸磷/（克/天）	1.62	2.66
	钠/（克/天）	0.75	1.11
	氯/（克/天）	0.75	1.11
	镁/（克/天）	0.12	0.30
	钾/（克/天）	0.90	1.92
	铜/（毫克/天）	1.80	4.44
	碘/（毫克/天）	0.04	0.10
	铁/（毫克/天）	31.50	77.70
	锰/（毫克/天）	1.20	2.96
	硒/（毫克/天）	0.09	0.22
	锌/（毫克/天）	33.00	81.40

（续）

项 目		体重/千克	
		3~8	8~20
维生素 和脂肪酸	维生素 A/（国际单位/天）	660	1330
	维生素 D_3/（国际单位/天）	66	148
	维生素 E/（国际单位/天）	5	8.5
	维生素 K/（毫克/天）	0.15	0.37
	硫胺素/（毫克/天）	0.45	0.74
	核黄素/（毫克/天）	1.20	2.59
	泛酸/（毫克/天）	3.60	7.40
	烟酸/（毫克/天）	6.00	11.10
	吡哆醇/（毫克/天）	0.60	1.11
	生物素/（毫克/天）	0.02	0.04
	叶酸/（毫克/天）	0.09	0.22
	维生素 B_{12}/（微克/天）	6.00	12.95
	胆碱/（克/天）	0.18	0.37
	亚油酸/（克/天）	0.30	0.74

注：1. 本表数据基于瘦肉率高于56%的公母猪混养猪群（阉公猪和青年母猪各一半）。
　　2. 3~20千克猪的赖氨酸每天需要量是用表2-2中的百分率乘以采食量的估测值，其他氨基酸需要量是根据其与赖氨酸的比例（理想蛋白质）的估测值。
　　3. 假定代谢能为消化能的96%。
　　4. 矿物质需要量包括饲料原料中提供的矿物质。
　　5. 维生素需要量包括饲料原料中提供的维生素。

二、生长育肥猪的饲养标准

我国现行猪饲养标准中，对生长育肥猪分为瘦肉型和肉脂型两大类：瘦肉型是指瘦肉占胴体重的56%以上，胴体膘厚2.4厘米以下，体长大于胸围15厘米以上的猪；肉脂型是指瘦肉占胴体重的56%以下，胴体膘厚2.4厘米以上，体长大于胸围5~15厘米的猪。肉脂型又根据胴体瘦肉率和达到90千克体重所需天数分为一型、二型和三型3个类型。瘦肉型生长育肥猪每千克饲料养分含量和每天每头养分需要量，适用于瘦肉型品种和瘦肉型杂种猪；肉脂型饲养标准主要适用于肉脂兼用型的培育品种猪、地方猪种与瘦肉型品种杂交的杂种猪。详见表2-4~表2-11。

表2-4　瘦肉型生长育肥猪及每千克饲料养分含量（自由采食，88%干物质）

项　目		体重/千克		
		20~35	35~60	60~90
平均体重/千克		27.5	47.5	75.0
日增重/（千克/天）		0.61	0.69	0.80
采食量/（千克/天）		1.43	1.90	2.50
饲料量增重比		2.34	2.75	3.13
饲料消化能含量/（兆焦/千克）		13.39	13.39	13.39
饲料代谢能含量/（兆焦/千克）		12.86	12.86	12.86
粗蛋白质含量（%）		17.8	16.4	14.5
能量蛋白比/（千焦/%）		752	817	923
赖氨酸能量比/（克/兆焦）		0.68	0.61	0.53
氨基酸含量（%）	赖氨酸	0.90	0.82	0.70
	蛋氨酸	0.24	0.22	0.19
	蛋氨酸+胱氨酸	0.51	0.48	0.40
	苏氨酸	0.58	0.56	0.48
	色氨酸	0.16	0.15	0.13
	异亮氨酸	0.48	0.46	0.39
	亮氨酸	0.85	0.78	0.63
	精氨酸	0.35	0.30	0.21
	缬氨酸	0.61	0.57	0.47
	组氨酸	0.28	0.26	0.21
	苯丙氨酸	0.52	0.48	0.40
	苯丙氨酸+酪氨酸	0.82	0.77	0.64

（续）

项　　目		体重/千克		
		20～35	35～60	60～90
矿物元素含量	钙（%）	0.62	0.55	0.49
	总磷（%）	0.53	0.48	0.43
	非植酸磷（%）	0.25	0.20	0.17
	钠（%）	0.12	0.10	0.10
	氯（%）	0.10	0.09	0.08
	镁（%）	0.04	0.04	0.04
	钾（%）	0.24	0.21	0.18
	铜/毫克	4.50	4.00	3.50
	碘/毫克	0.14	0.14	0.14
	铁/毫克	70	60	50
	锰/毫克	3.00	2.00	2.00
	硒/毫克	0.30	0.25	0.25
	锌/毫克	70	60	50
维生素和脂肪酸含量	维生素 A/国际单位	1500	1400	1300
	维生素 D_3/国际单位	170	160	150
	维生素 E/国际单位	11	11	11
	维生素 K/毫克	0.50	0.50	0.50
	硫胺素/毫克	1.00	1.00	1.00
	核黄素/毫克	2.50	2.00	2.00
	泛酸/毫克	8.00	7.50	7.00
	烟酸/毫克	10.00	8.50	7.50
	吡哆醇/毫克	1.00	1.00	1.00
	生物素/毫克	0.05	0.05	0.05
	叶酸/毫克	0.30	0.30	0.30
	维生素 B_{12}/微克	11.00	8.00	6.00
	胆碱/克	0.35	0.30	0.30
	亚油酸（%）	0.10	0.10	0.10

注：1. 本表数据基于瘦肉率高于56%的公母猪混养猪群（阉公猪和青年母猪各一半）。
　　2. 假定代谢能为消化能的96%。
　　3. 20～90千克猪的赖氨酸需要量是结合生长模型、试验数据和经验数据的估测值，其他氨基酸需要量是根据其与赖氨酸的比例（理想蛋白质）的估测值。
　　4. 矿物质需要量包括饲料原料中提供的矿物质。
　　5. 维生素需要量包括饲料原料中提供的维生素。

表 2-5　瘦肉型生长育肥猪每天每头养分需要量（自由采食，88% 干物质）

项　目		体重/千克		
		20 ~ 35	35 ~ 60	60 ~ 90
饲料消化能摄入量/(兆焦/天)		19. 15	25. 44	33. 48
饲料代谢能摄入量/(兆焦/天)		18. 39	24. 43	32. 15
粗蛋白质/(克/天)		255	312	363
氨基酸/ （克/天）	赖氨酸	12. 9	15. 6	17. 5
	蛋氨酸	3. 4	4. 2	4. 8
	蛋氨酸 + 胱氨酸	7. 3	9. 1	10. 0
	苏氨酸	8. 3	10. 6	12. 0
	色氨酸	2. 3	2. 9	3. 3
	异亮氨酸	6. 7	8. 7	9. 8
	亮氨酸	12. 2	14. 8	15. 8
	精氨酸	5. 0	5. 7	5. 5
	缬氨酸	8. 7	10. 8	11. 8
	组氨酸	4. 0	4. 9	5. 5
	苯丙氨酸	7. 4	9. 1	10. 0
	苯丙氨酸 + 酪氨酸	11. 7	14. 6	16. 0
矿物元素	钙/(克/天)	8. 87	10. 45	12. 25
	总磷/(克/天)	7. 58	9. 12	10. 75
	非植酸磷/(克/天)	3. 58	3. 80	4. 25
	钠/(克/天)	1. 72	1. 90	2. 50
	氯/(克/天)	1. 43	1. 71	2. 00
	镁/(克/天)	0. 57	0. 76	1. 00
	钾/(克/天)	3. 43	3. 99	4. 50
	铜/(毫克/天)	6. 44	7. 60	8. 75
	碘/(毫克/天)	0. 20	0. 27	0. 35
	铁/(毫克/天)	100. 10	114. 00	125. 00
	锰/(毫克/天)	4. 29	3. 80	5. 00
	硒/(毫克/天)	0. 43	0. 48	0. 63
	锌/(毫克/天)	100. 10	114. 00	125. 00

（续）

项　目		体重/千克		
		20 ~ 35	35 ~ 60	60 ~ 90
维生素和脂肪酸	维生素 A/（国际单位/天）	2145	2660	3250
	维生素 D₃/（国际单位/天）	243	304	375
	维生素 E/（国际单位/天）	16	21	28
	维生素 K/（毫克/天）	0.72	0.95	1.25
	硫胺素/（毫克/天）	1.43	1.90	2.50
	核黄素/（毫克/天）	3.58	3.80	5.00
	泛酸/（毫克/天）	11.44	14.25	17.5
	烟酸/（毫克/天）	14.30	16.15	18.75
	吡哆醇/（毫克/天）	1.43	1.90	2.50
	生物素/（毫克/天）	0.07	0.10	0.13
	叶酸/（毫克/天）	0.43	0.57	0.75
	维生素 B₁₂/（微克/天）	15.73	15.20	15.00
	胆碱/（克/天）	0.50	0.57	0.75
	亚油酸/（克/天）	1.43	1.90	2.50

注：1. 本表数据基于瘦肉率高于56%的公母猪混养猪群（阉公猪和青年母猪各一半）。

2. 假定代谢能为消化能的96%。

3. 20~90千克猪的赖氨酸需要量是根据生长模型的估测值，其他氨基酸需要量是根据其与赖氨酸的比例（理想蛋白质）的估测值。

4. 矿物质需要量包括饲料原料中提供的矿物质。

5. 维生素需要量包括饲料原料中提供的维生素。

表2-6　肉脂型生长育肥猪及每千克饲料养分含量

（一型标准，自由采食，88%干物质）

项　目	体重/千克				
	5 ~ 8	8 ~ 15	15 ~ 30	30 ~ 60	60 ~ 90
日增重/（千克/天）	0.22	0.38	0.50	0.60	0.70
采食量/（千克/天）	0.40	0.87	1.36	2.02	2.94
饲料量增重比	1.80	2.30	2.73	3.35	4.20

（续）

项 目		体重/千克				
		5～8	8～15	15～30	30～60	60～90
饲料消化能含量/（兆焦/千克）		13.80	13.60	12.95	12.95	12.95
粗蛋白质含量（%）		21.0	18.2	16.0	14.0	13.0
能量蛋白比/（千焦/%）		657	747	810	925	996
赖氨酸能量比/（克/兆焦）		0.97	0.77	0.66	0.53	0.46
氨基酸含量（%）	赖氨酸	1.34	1.05	0.85	0.69	0.60
	蛋氨酸＋胱氨酸	0.65	0.53	0.43	0.38	0.34
	苏氨酸	0.77	0.62	0.50	0.45	0.39
	色氨酸	0.19	0.15	0.12	0.11	0.11
	异亮氨酸	0.73	0.59	0.47	0.43	0.37
矿物元素含量	钙（%）	0.86	0.74	0.64	0.55	0.46
	总磷（%）	0.67	0.60	0.55	0.46	0.37
	非植酸磷（%）	0.42	0.32	0.29	0.21	0.14
	钠（%）	0.20	0.15	0.09	0.09	0.09
	氯（%）	0.20	0.15	0.07	0.07	0.07
	镁（%）	0.04	0.04	0.04	0.04	0.04
	钾（%）	0.29	0.26	0.24	0.21	0.16
	铜/毫克	6.0	5.5	4.6	3.7	3.0
	铁/毫克	100	92	74	55	37
	碘/毫克	0.13	0.13	0.13	0.13	0.13
	锰/毫克	4.00	3.00	3.00	2.00	2.00
	硒/毫克	0.30	0.27	0.23	0.14	0.09
	锌/毫克	100	90	75	55	45

（续）

项　目		体重/千克				
		5~8	8~15	15~30	30~60	60~90
维生素 和脂肪 酸含量	维生素 A/国际单位	2100	2000	1600	1200	1200
	维生素 D/国际单位	210	200	180	140	140
	维生素 E/国际单位	15	15	10	10	10
	维生素 K/毫克	0.50	0.50	0.50	0.50	0.50
	硫胺素/毫克	1.50	1.00	1.00	1.00	1.00
	核黄素/毫克	4.00	3.50	3.00	2.00	2.00
	泛酸/毫克	12.00	10.00	8.00	7.00	6.00
	烟酸/毫克	20.00	14.00	12.00	9.00	6.50
	吡哆醇/毫克	2.00	1.50	1.50	1.00	1.00
	生物素/毫克	0.08	0.05	0.05	0.05	0.05
	叶酸/毫克	0.30	0.30	0.30	0.30	0.30
	维生素 B_{12}/微克	20.00	16.50	14.50	10.00	5.00
	胆碱/克	0.50	0.40	0.30	0.30	0.30
	亚油酸（%）	0.10	0.10	0.10	0.10	0.10

注：1. 一型标准：瘦肉率52%±1.5%，达90千克体重时间为175天左右。

2. 粗蛋白质需要量原则上是以玉米-豆粕日粮满足可消化氨基酸需要而确定的，
为克服早期断奶给仔猪带来的应激，5~8千克阶段使用了较多的动物蛋白和乳
制品。

表 2-7　肉脂型生长育肥猪每天每头养分需要量
（一型标准，自由采食，88%干物质）

项　目		体重/千克				
		5~8	8~15	15~30	30~60	60~90
粗蛋白质/(克/天)		84.0	158.3	217.6	282.8	382.2
氨基酸/ （克/天）	赖氨酸	5.4	9.1	11.6	13.9	17.6
	蛋氨酸＋胱氨酸	2.6	4.6	5.8	7.7	10.0
	苏氨酸	3.1	5.4	6.8	9.1	11.5
	色氨酸	0.8	1.3	1.6	2.2	3.2
	异亮氨酸	2.9	5.1	6.4	8.7	10.9

（续）

项 目		体重/千克				
		5~8	8~15	15~30	30~60	60~90
矿物元素	钙/（克/天）	3.4	6.4	8.7	11.1	13.5
	总磷/（克/天）	2.7	5.2	7.5	9.3	10.9
	非植酸磷/（克/天）	1.7	2.8	3.9	4.2	4.1
	钠/（克/天）	0.8	1.3	1.2	1.8	2.6
	氯/（克/天）	0.8	1.3	1.0	1.4	2.1
	镁/（克/天）	0.2	0.3	0.5	0.8	1.2
	钾/（克/天）	1.2	2.3	3.3	4.2	4.7
	铜/（毫克/天）	2.40	4.79	6.12	8.08	8.82
	铁/（毫克/天）	40.00	80.04	100.64	111.10	108.78
	碘/（毫克/天）	0.05	0.11	0.18	0.26	0.38
	锰/（毫克/天）	1.60	2.61	4.08	4.04	5.88
	硒/（毫克/天）	0.12	0.22	0.34	0.30	0.29
	锌/（毫克/天）	40.0	78.3	102.0	111.1	132.3
维生素和脂肪酸	维生素 A/（国际单位/天）	840.0	1740.0	2176.0	2424.0	3528.0
	维生素 D/（国际单位/天）	84.0	174.0	244.8	282.8	411.6
	维生素 E/（国际单位/天）	6.0	13.1	13.6	20.2	29.4
	维生素 K/（毫克/天）	0.2	0.4	0.7	1.0	1.5
	硫胺素/（毫克/天）	0.6	0.9	1.4	2.0	2.9
	核黄素/（毫克/天）	1.6	3.0	4.1	4.0	5.9
	泛酸/（毫克/天）	4.8	8.7	10.9	14.1	17.6
	烟酸/（毫克/天）	8.0	12.2	16.3	18.2	19.1
	吡哆醇/（毫克/天）	0.8	1.3	2.0	2.0	2.9
	生物素/（毫克/天）	0	0	0.1	0.1	0.1
	叶酸/（毫克/天）	0.1	0.3	0.4	0.6	0.9
	维生素 B$_{12}$/（微克/天）	8.0	14.4	19.7	20.2	14.7
	胆碱/（克/天）	0.2	0.3	0.4	0.6	0.9
	亚油酸/（克/天）	0.4	0.9	1.4	2.0	2.9

表 2-8　肉脂型生长育肥猪及每千克饲料养分含量
（二型标准，自由采食，88% 干物质）

项　目		体重/千克			
		8~15	15~30	30~60	60~90
日增重/(千克/天)		0.34	0.45	0.55	0.65
采食量/(千克/天)		0.87	1.30	1.96	2.89
饲料量增重比		2.55	2.90	3.55	4.45
饲料消化能含量/(兆焦/千克)		13.30	12.25	12.25	12.25
粗蛋白质含量（%）		17.5	16.0	14.0	13.0
能量蛋白比/(千焦/%)		760	766	875	942
赖氨酸能量比/(克/兆焦)		0.74	0.65	0.53	0.46
氨基酸含量（%）	赖氨酸	0.99	0.80	0.65	0.56
	蛋氨酸+胱氨酸	0.56	0.40	0.35	0.32
	苏氨酸	0.64	0.48	0.41	0.37
	色氨酸	0.18	0.12	0.11	0.10
	异亮氨酸	0.54	0.45	0.40	0.34
矿物元素含量	钙（%）	0.72	0.62	0.53	0.44
	总磷（%）	0.58	0.53	0.44	0.35
	非植酸磷（%）	0.31	0.27	0.20	0.13
	钠（%）	0.14	0.09	0.09	0.09
	氯（%）	0.14	0.07	0.07	0.07
	镁（%）	0.04	0.04	0.04	0.04
	钾（%）	0.25	0.23	0.20	0.15
	铜/毫克	5.00	4.00	3.00	3.00
	铁/毫克	90.00	70.00	55.00	35.00
	碘/毫克	0.12	0.12	0.12	0.12
	锰/毫克	3.00	2.50	2.00	2.00
	硒/毫克	0.26	0.22	0.13	0.09
	锌/毫克	90.00	70.00	53.00	44.00

（续）

项　　目		体重/千克			
		8～15	15～30	30～60	60～90
维生素和脂肪酸含量	维生素 A/国际单位	1900	1550	1150	1150
	维生素 D/国际单位	190	170	130	130
	维生素 E/国际单位	15	10	10	10
	维生素 K/毫克	0.45	0.45	0.45	0.45
	硫胺素/毫克	1.00	1.00	1.00	1.00
	核黄素/毫克	3.00	2.50	2.00	2.00
	泛酸/毫克	10.00	8.00	7.00	6.00
	烟酸/毫克	14.00	12.00	9.00	6.50
	吡哆醇/毫克	1.50	1.50	1.00	1.00
	生物素/毫克	0.05	0.04	0.04	0.04
	叶酸/毫克	0.30	0.30	0.30	0.30
	维生素 B_{12}/微克	15.00	13.00	10.00	5.00
	胆碱/克	0.40	0.30	0.30	0.30
	亚油酸（%）	0.10	0.10	0.10	0.10

注：1. 二型标准：瘦肉率49%±1.5%，达90千克体重时间为185天左右。

2. 5～8 千克阶段营养需同一型标准。

表 2-9　肉脂型生长育肥猪每天每头分需要量

（二型标准，自由采食，88%干物质）

项　　目		体重/千克			
		8～15	15～30	30～60	60～90
粗蛋白质/（克/天）		152.3	208.0	274.4	375.7
氨基酸/（克/天）	赖氨酸	8.6	10.4	12.7	16.2
	蛋氨酸＋胱氨酸	4.9	5.2	6.9	9.2
	苏氨酸	5.6	6.2	8.0	10.7
	色氨酸	1.6	1.6	2.2	2.9
	异亮氨酸	4.7	5.9	7.8	9.8

（续）

项　目		体重/千克			
		8~15	15~30	30~60	60~90
矿物元素	钙/（克/天）	6.3	8.1	10.4	12.7
	总磷/（克/天）	5.0	6.9	8.6	10.1
	非植酸磷/（克/天）	2.7	3.5	3.9	3.8
	钠/（克/天）	1.2	1.2	1.8	2.6
	氯/（克/天）	1.2	0.9	1.4	2.0
	镁/（克/天）	0.3	0.5	0.8	1.2
	钾/（克/天）	2.2	3.0	3.9	4.3
	铜/（毫克/天）	4.4	5.2	5.9	8.7
	铁/（毫克/天）	78.3	91.0	107.8	101.2
	碘/（毫克/天）	0.1	0.2	0.2	0.3
	锰/（毫克/天）	2.6	3.3	3.9	5.8
	硒/（毫克/天）	0.2	0.3	0.3	0.3
	锌/（毫克/天）	78.3	91.0	103.9	127.2
维生素和脂肪酸	维生素 A/（国际单位/天）	1653	2015	2254	3324
	维生素 D/（国际单位/天）	165	221	255	376
	维生素 E/（国际单位/天）	13.1	13.0	19.6	28.9
	维生素 K/（毫克/天）	0.4	0.6	0.9	1.3
	硫胺素/（毫克/天）	0.9	1.3	2.0	2.9
	核黄素/（毫克/天）	2.6	3.3	3.9	5.8
	泛酸/（毫克/天）	8.7	10.4	13.7	17.3
	烟酸/（毫克/天）	12.16	15.6	17.6	18.79
	吡哆醇/（毫克/天）	1.3	2.0	2.0	2.9
	生物素/（毫克/天）	0	0.1	0.1	0.1
	叶酸/（毫克/天）	0.3	0.4	0.6	0.9
	维生素 B_{12}/（微克/天）	13.1	16.9	19.6	14.5
	胆碱/（克/天）	0.3	0.4	0.6	0.9
	亚油酸/（克/天）	0.9	1.3	2.0	2.9

表 2-10　肉脂型生长育肥猪及每千克饲料养分含量

（三型标准，自由采食，88%干物质）

项　目		体重/千克		
		15～30	30～60	60～90
日增重/（千克/天）		0.40	0.50	0.59
采食量/（千克/天）		1.28	1.95	2.92
饲料量增重比		3.20	3.90	4.95
饲料消化能含量/（兆焦/千克）		11.70	11.70	11.70
粗蛋白质含量（%）		15.0	14.0	13.0
能量蛋白比/（千焦/%）		780	835	900
赖氨酸能量比/（克/兆焦）		0.67	0.50	0.43
氨基酸含量（%）	赖氨酸	0.78	0.59	0.50
	蛋氨酸＋胱氨酸	0.40	0.31	0.28
	苏氨酸	0.46	0.38	0.33
	色氨酸	0.11	0.10	0.09
	异亮氨酸	0.44	0.36	0.31
矿物元素含量	钙（%）	0.59	0.50	0.42
	总磷（%）	0.50	0.42	0.34
	非植酸磷（%）	0.27	0.19	0.13
	钠（%）	0.08	0.08	0.08
	氯（%）	0.07	0.07	0.07
	镁（%）	0.03	0.03	0.03
	钾（%）	0.22	0.19	0.14
	铜/毫克	4.00	3.00	3.00
	铁/毫克	70.00	50.00	35.00
	碘/毫克	0.12	0.12	0.12
	锰/毫克	3.00	2.00	2.00
	硒/毫克	0.21	0.13	0.08
	锌/毫克	70.00	50.00	40.00

（续）

项　目		体重/千克		
		15 ~ 30	**30 ~ 60**	**60 ~ 90**
维生素 和脂肪 酸含量	维生素 A/国际单位	1470	1090	1090
	维生素 D/国际单位	168	126	126
	维生素 E/国际单位	9	9	9
	维生素 K/毫克	0.4	0.4	0.4
	硫胺素/毫克	1.00	1.00	1.00
	核黄素/毫克	2.50	2.00	2.00
	泛酸/毫克	8.00	7.00	6.00
	烟酸/毫克	12.00	9.00	6.50
	吡哆醇/毫克	1.50	1.00	1.00
	生物素/毫克	0.04	0.04	0.04
	叶酸/毫克	0.25	0.25	0.25
	维生素 B_{12}/微克	12.00	10.00	5.00
	胆碱/克	0.34	0.25	0.25
	亚油酸/克	0.10	0.10	0.10

注：1. 三型标准：瘦肉率46%±1.5%，达90千克体重时间为200天左右。

2. 5~8千克阶段营养需要同一型标准。

表2-11　肉脂型生长育肥猪每天每头养分需要量

（三型标准，自由采食，88%干物质）

项　目		体重/千克		
		15 ~ 30	**30 ~ 60**	**60 ~ 90**
粗蛋白质/(克/天)		192.0	273.0	379.6
氨基酸/ (克/天)	赖氨酸	10.0	11.5	14.6
	蛋氨酸+胱氨酸	5.1	6.0	8.2
	苏氨酸	5.9	7.4	9.6
	色氨酸	1.4	2.0	2.6
	异亮氨酸	5.6	7.0	9.1

（续）

项　目		体重/千克		
		15～30	30～60	60～90
矿物元素	钙/（克/天）	7.6	9.8	12.3
	总磷/（克/天）	6.4	8.2	9.9
	非植酸磷/（克/天）	3.5	3.7	3.8
	钠/（克/天）	1.0	1.6	2.3
	氯/（克/天）	0.9	1.4	2.0
	镁/（克/天）	0.4	0.6	0.9
	钾/（克/天）	2.8	3.7	4.4
	铜/（毫克/天）	5.1	5.9	8.8
	铁/（毫克/天）	89.6	97.5	102.2
	碘/（毫克/天）	0.2	0.2	0.4
	锰/（毫克/天）	3.8	3.9	5.8
	硒/（毫克/天）	0.3	0.3	0.3
	锌/（毫克/天）	89.6	97.5	116.8
维生素和脂肪酸	维生素 A/国际单位	1856.0	2145.0	3212.0
	维生素 D/国际单位	217.6	243.8	365.0
	维生素 E/国际单位	12.8	19.5	29.2
	维生素 K/（毫克/天）	0.5	0.8	1.2
	硫胺素/（毫克/天）	1.3	2.0	2.9
	核黄素/（毫克/天）	3.2	3.9	5.8
	泛酸/（毫克/天）	10.2	13.7	17.5
	烟酸/（毫克/天）	15.36	17.55	18.98
	吡哆醇/（毫克/天）	1.9	2.0	2.9
	生物素/（毫克/天）	0.1	0.1	0.2
	叶酸/（毫克/天）	0.3	0.5	0.7
	维生素 B_{12}/（微克/天）	15.4	19.5	14.6
	胆碱/（克/天）	0.4	0.5	0.7
	亚油酸/（克/天）	1.3	2.0	2.9

三、母猪的饲养标准

依据母猪的生理阶段，我国饲养标准给出妊娠前期、妊娠后期、哺乳阶段及后备阶段的饲养标准，同时对瘦肉型母猪及肉脂型母猪分别做出规定，详见表2-12～表2-15。

表 2-12　瘦肉型妊娠母猪及每千克饲料养分含量（88% 干物质）

项 目		妊娠期					
		妊娠前期			妊娠后期		
配种体重/千克		120～150	150～180	>180	120～150	150～180	>180
预期窝产仔数/头		10	11	11	10	11	11
采食量/（千克/天）		2.10	2.10	2.00	2.60	2.80	3.00
饲料消化能含量/（兆焦/千克）		12.75	12.35	12.15	12.75	12.55	12.55
饲料代谢能含量[①]/（兆焦/千克）		12.25	11.85	11.65	12.25	12.05	12.05
粗蛋白质含量[②]（%）		13.0	12.0	12.0	14.0	13.0	12.0
能量蛋白比/（千焦/%）		981	1029	1013	911	965	1045
赖氨酸能量比/（克/兆焦）		0.42	0.40	0.38	0.42	0.41	0.38
氨基酸含量（%）	赖氨酸	0.53	0.49	0.46	0.53	0.51	0.48
	蛋氨酸	0.14	0.13	0.12	0.14	0.13	0.12
	蛋氨酸＋胱氨酸	0.34	0.32	0.31	0.34	0.33	0.32
	苏氨酸	0.40	0.39	0.37	0.40	0.40	0.38
	色氨酸	0.10	0.09	0.09	0.10	0.09	0.09
	异亮氨酸	0.29	0.28	0.26	0.29	0.29	0.27
	亮氨酸	0.45	0.41	0.37	0.45	0.42	0.38
	精氨酸	0.06	0.02	0	0.06	0.02	0
	缬氨酸	0.35	0.32	0.30	0.35	0.33	0.31
	组氨酸	0.17	0.16	0.15	0.17	0.17	0.16

（续）

项　　目		妊娠期					
		妊娠前期			妊娠后期		
氨基酸含量（%）	苯丙氨酸	0.29	0.27	0.25	0.29	0.28	0.26
	苯丙氨酸 + 酪氨酸	0.49	0.45	0.43	0.49	0.47	0.44
矿物元素含量[3]	钙（%）	0.68					
	总磷（%）	0.54					
	非植酸磷（%）	0.32					
	钠（%）	0.14					
	氯（%）	0.11					
	镁（%）	0.04					
	钾（%）	0.18					
	铜/毫克	5.0					
	碘/毫克	0.13					
	铁/毫克	75.0					
	锰/毫克	18.0					
	硒/毫克	0.14					
	锌/毫克	45.0					
维生素[4]和脂肪酸含量	维生素 A/国际单位	3620					
	维生素 D_3/国际单位	180					
	维生素 E/国际单位	40					
	维生素 K/毫克	0.50					
	硫胺素/毫克	0.90					
	核黄素/毫克	3.40					
	泛酸/毫克	11					
	烟酸/毫克	9.05					
	吡哆醇/毫克	0.90					
	生物素/毫克	0.19					

（续）

项　　目		妊娠期	
		妊娠前期	妊娠后期
维生素④ 和脂肪 酸含量	叶酸/毫克	1.20	
	维生素 B_{12}/微克	14	
	胆碱/克	1.15	
	亚油酸（%）	0.10	

注：1. 消化能、氨基酸是根据国内试验报告、企业经验数据和 NRC（1998）妊娠模型得到的。

2. 妊娠前期指妊娠前 12 周，妊娠后期指妊娠后四周；120~150 千克阶段适用于初产母猪和因哺乳期消耗过度的经产母猪；150~180 千克阶段适用于自身尚有生长潜力的经产母猪；180 千克以上指达到标准成年体重的经产母猪，其对养分的需要量不随体重增长而变化。

① 假定代谢能为消化能的 96% 。

② 以玉米-豆粕型日粮为基础确定。

③ 矿物质需要量包括饲料原料中提供的矿物质。

④ 维生素需要量包括饲料原料中提供的维生素。

表 2-13　瘦肉型哺乳母猪及每千克饲料养分含量（88% 干物质）

项　　目		分娩体重/千克			
		140~180		180~240	
哺乳期体重变化/千克		0	-10	-7.5	-15
哺乳窝仔数/头		9	9	10	10
采食量/（千克/天）		5.25	4.65	5.65	5.20
饲料消化能含量/（兆焦/千克）		13.80	13.80	13.80	13.80
饲料代谢能含量①/（兆焦/千克）		13.25	13.25	13.25	13.25
粗蛋白质含量②（%）		17.5	18.0	18.0	18.5
能量蛋白比/（千焦/%）		789	767	767	746
赖氨酸能量比/（克/兆焦）		0.64	0.67	0.66	0.68
氨基酸 含量（%）	赖氨酸	0.88	0.93	0.91	0.94
	蛋氨酸	0.22	0.24	0.23	0.24
	蛋氨酸 + 胱氨酸	0.42	0.45	0.44	0.45
	苏氨酸	0.56	0.59	0.58	0.60

（续）

项 目		分娩体重/千克			
		140~180		180~240	
氨基酸含量（%）	色氨酸	0.16	0.17	0.17	0.18
	异亮氨酸	0.49	0.52	0.51	0.53
	亮氨酸	0.95	1.01	0.98	1.02
	精氨酸	0.48	0.48	0.47	0.47
	缬氨酸	0.74	0.79	0.77	0.81
	组氨酸	0.34	0.36	0.35	0.37
	苯丙氨酸	0.47	0.50	0.48	0.50
	苯丙氨酸＋酪氨酸	0.97	1.03	1.00	1.04
矿物元素含量[3]	钙（%）	0.77			
	总磷（%）	0.62			
	有效磷（%）	0.36			
	钠（%）	0.21			
	氯（%）	0.16			
	镁（%）	0.04			
	钾（%）	0.21			
	铜/毫克	5.0			
	碘/毫克	0.14			
	铁/毫克	80.0			
	锰/毫克	20.5			
	硒/毫克	0.15			
	锌/毫克	51.0			
维生素[4]和脂肪酸含量	维生素A/国际单位	2050			
	维生素D_3/国际单位	205			
	维生素E/国际单位	45			
	维生素K/毫克	0.5			
	硫胺素/毫克	1.00			
	核黄素/毫克	3.85			
	泛酸/毫克	12			

（续）

项　目		分娩体重/千克	
		140 ~ 180	180 ~ 240
维生素④ 和脂肪 酸含量	烟酸/毫克	10. 25	
	吡哆醇/毫克	1. 00	
	生物素/毫克	0. 21	
	叶酸/毫克	1. 35	
	维生素 B_{12}/微克	15. 0	
	胆碱/克	1. 00	
	亚油酸（%）	0. 10	

注：由于国内缺乏哺乳母猪的试验数据，消化能和氨基酸是根据国内一些企业的经验
　　数据和 NRC（1998）的哺乳模型得到的。
① 假定代谢能为消化能的96%。
② 以玉米-豆粕型日粮为基础确定。
③ 矿物质需要量包括饲料原料中提供的矿物质。
④ 维生素需要量包括饲料原料中提供的维生素。

表 2-14　肉脂型妊娠、哺乳母猪及每千克饲料养分含量（88%干物质）

项　目		妊娠母猪	哺乳母猪
采食量/（千克/天）		2. 10	5. 10
饲料消化能含量/（兆焦/千克）		11. 70	13. 60
粗蛋白质含量（%）		13. 0	17. 5
能量蛋白比/（千焦/%）		900	777
赖氨酸能量比/（克/兆焦）		0. 37	0. 58
氨基酸 含量 （%）	赖氨酸	0. 43	0. 79
	蛋氨酸 + 胱氨酸	0. 30	0. 40
	苏氨酸	0. 35	0. 52
	色氨酸	0. 08	0. 14
	异亮氨酸	0. 25	0. 45

（续）

项　　目		妊娠母猪	哺乳母猪
矿物元素	钙（%）	0.62	0.72
	总磷（%）	0.50	0.58
	非植酸磷（%）	0.30	0.34
	钠（%）	0.12	0.20
	氯（%）	0.10	0.16
	镁（%）	0.04	0.04
	钾（%）	0.16	0.20
	铜/毫克	4.00	5.00
	碘/毫克	0.12	0.14
	铁/毫克	70	80
	锰/毫克	16	20
	硒/毫克	0.15	0.15
	锌/毫克	50	50
维生素和脂肪酸	维生素 A/国际单位	3600	2000
	维生素 D/国际单位	180	200
	维生素 E/国际单位	36	44
	维生素 K/毫克	0.40	0.50
	硫胺素/毫克	1.00	1.00
	核黄素/毫克	3.20	3.75
	泛酸/毫克	10.00	12.00
	烟酸/毫克	8.00	10.00
	吡哆醇/毫克	1.00	1.00
	生物素/毫克	0.16	0.20
	叶酸/毫克	1.10	1.30
	维生素 B_{12}/微克	12.00	15.00
	胆碱/克	1.00	1.00
	亚油酸（%）	0.10	0.10

表 2-15　地方猪种后备母猪每千克饲料养分含量（88% 干物质）

项　目		体重/千克		
		10 ~ 20	20 ~ 40	40 ~ 70
预期日增重/(千克/天)		0.30	0.40	0.50
预期采食量/(千克/天)		0.63	1.08	1.65
饲料量增重比		2.10	2.70	3.30
饲料消化能含量/(兆焦/千克)		12.97	12.55	12.15
粗蛋白质含量（%）		18.0	16.0	14.0
能量蛋白比/(千焦/%)		721	784	868
赖氨酸能量比（克/兆焦）		0.77	0.70	0.48
氨基酸含量（%）	赖氨酸	1.00	0.88	0.67
	蛋氨酸 + 胱氨酸	0.50	0.44	0.36
	苏氨酸	0.59	0.53	0.43
	色氨酸	0.15	0.13	0.11
	异亮氨酸	0.56	0.49	0.41
矿物元素含量（%）	钙	0.74	0.62	0.53
	总磷	0.60	0.53	0.44
	有效磷	0.37	0.28	0.20

注：除钙、磷外的矿物质及维生素的需要，可参照肉脂型生长育肥猪的二型标准。

四、种公猪的饲养标准

中国猪饲养标准中分别列出瘦肉型种公猪每千克饲料养分含量和每天每头猪的养分需要量，见表 2-16 和表 2-17。肉脂型种公猪则按其体重阶段分别给出了每千克饲料养分含量和每日每头养分需要量，见表 2-18 和表 2-19。

表 2-16　瘦肉型种公猪及每千克饲料养分含量（88% 干物质）

项　目	含　量
饲料消化能含量/(兆焦/千克)	12.95
饲料代谢能含量/(兆焦/千克)	12.45
消化能摄入量/(兆焦/千克)	21.70

（续）

项　　目		含　　量
代谢能摄入量/（兆焦/千克）		20.85
采食量②/（千克/天）		2.2
粗蛋白质含量③（%）		13.50
能量蛋白比/（千焦/%）		959
赖氨酸能量比/（克/兆焦）		0.42
氨基酸含量（%）	赖氨酸	0.55
	蛋氨酸	0.15
	蛋氨酸＋胱氨酸	0.38
	苏氨酸	0.46
	色氨酸	0.11
	异亮氨酸	0.32
	亮氨酸	0.47
	缬氨酸	0.36
	组氨酸	0.17
	苯丙氨酸	0.30
	苯丙氨酸＋酪氨酸	0.52
矿物元素含量	钙（%）	0.70
	总磷（%）	0.55
	有效磷（%）	0.32
	钠（%）	0.14
	氯（%）	0.11
	镁（%）	0.04
	钾（%）	0.20
	铜/毫克	5.00
	碘/毫克	0.15
	铁/毫克	80
	锰/毫克	20
	硒/毫克	0.15
	锌/毫克	75

（续）

项　　目		含　　量
维生素和脂肪酸含量	维生素 A/国际单位	4000
	维生素 D_3/国际单位	200
	维生素 E/国际单位	45
	维生素 K/国际单位	0.5
	硫胺素/毫克	1.0
	核黄素/毫克	3.5
	泛酸/毫克	12
	烟酸/毫克	10
	吡哆醇/毫克	1.0
	生物素/毫克	0.20
	叶酸/毫克	1.30
	维生素 B_{12}/微克	15
	胆碱/克	1.25
	亚油酸（%）	0.1

① 假定代谢能为消化能的96%。

② 配种前一个月采食量增加20%~25%，冬季严寒期采食量增加10%~20%。

③ 以玉米-豆粕型日粮为基础。

表 2-17　瘦肉型种公猪每天每头养分需要量（88%干物质）

项　　目		需　要　量
氨基酸/（克/天）	赖氨酸	12.1
	蛋氨酸	3.31
	蛋氨酸+胱氨酸	8.4
	苏氨酸	10.1
	色氨酸	2.4
	异亮氨酸	7.0
	亮氨酸	10.3
	缬氨酸	7.9

（续）

项　　目		需　要　量
氨基酸/ （克/天）	组氨酸	3.7
	苯丙氨酸	6.6
	苯丙氨酸＋酪氨酸	11.4
矿物 元素	钙/（克/天）	15.4
	总磷/（克/天）	12.1
	有效磷/（克/天）	7.04
	钠/（克/天）	3.08
	氯/（克/天）	2.42
	镁/（克/天）	0.88
	钾/（克/天）	4.40
	铜/（毫克/天）	11.00
	碘/（毫克/天）	0.33
	铁/（毫克/天）	176.00
	锰/（毫克/天）	44.00
	硒/（毫克/天）	0.33
	锌/（毫克/天）	165.00
维生素和 脂肪酸	维生素 A/（国际单位/天）	8800
	维生素 D_3/（国际单位/天）	485
	维生素 E/（国际单位/天）	100
	维生素 K/（毫克/天）	1.10
	硫胺素/（毫克/天）	2.20
	核黄素/（毫克/天）	7.70
	泛酸/（毫克/天）	26.40
	烟酸/（毫克/天）	22
	吡哆醇/（毫克/天）	2.20
	生物素/（毫克/天）	0.44
	叶酸/（毫克/天）	2.86

（续）

项　　目		需　要　量
维生素和脂肪酸	维生素 B_{12}/（微克/天）	33
	胆碱/（克/天）	2.75
	亚油酸/（克/天）	2.2

注：1. 养分需要量的制定以每天 2.2 千克采食量为基础，实际采食量需根据种公猪体重和期望的增重进行调整。

2. 矿物质需要量包括饲料原料中提供的矿物质。

3. 维生素需要量包括饲料原料中提供的维生素。

表2-18　肉脂型种公猪每千克饲料养分含量（88%干物质）

项　　目		体重/千克		
		10～20	20～40	40～70
日增重/（千克/天）		0.35	0.45	0.50
采食量/（千克/天）		0.72	1.17	1.67
饲料消化能含量/（兆焦/千克）		12.97	12.55	12.55
粗蛋白质含量（%）		18.8	17.5	14.6
能量蛋白比/（千焦/%）		690	717	860
赖氨酸能量比（克/兆焦）		0.81	0.73	0.50
氨基酸含量（%）	赖氨酸	1.05	0.92	0.73
	蛋氨酸＋胱氨酸	0.53	0.47	0.37
	苏氨酸	0.62	0.55	0.47
	色氨酸	0.16	0.13	0.12
	异亮氨酸	0.59	0.52	0.45
矿物元素含量（%）	钙	0.74	0.64	0.55
	总磷	0.60	0.55	0.46
	有效磷	0.37	0.29	0.21

注：除钙、磷外的矿物元素及维生素的需要，可参照肉脂型生长育肥猪的一型标准。

表 2-19   肉脂型种公猪每天每头养分需要量（88% 干物质）

项　　目		体重/千克		
		10 ~ 20	20 ~ 40	40 ~ 70
粗蛋白质/（克/天）		135. 4	204. 8	243. 8
氨基酸/ （克/天）	赖氨酸	7. 6	10. 8	12. 2
	蛋氨酸 + 胱氨酸	3. 8	10. 8	12. 2
	苏氨酸	4. 5	10. 8	12. 2
	色氨酸	1. 2	10. 8	12. 2
	异亮氨酸	4. 2	10. 8	12. 2
矿物元素/ （克/天）	钙	5. 3	10. 8	12. 2
	总磷	4. 3	10. 8	12. 2
	有效磷	2. 7	10. 8	12. 2

注：除钙、磷外的矿物元素及维生素的需要，可参照肉脂型生长肥猪的一型标准。

第二节　猪饲料配方设计的注意事项

一、根据不同品种、不同生长阶段的猪灵活运用饲养标准

不同品种的猪需要不同的营养。一般情况下，瘦肉型猪需要更多的蛋白质，而三元杂交瘦肉型猪比二元杂交瘦肉型猪需要更多的蛋白质。

例如，小猪生长到5~8周，消化系统日渐成熟，体重接近10千克，对淀粉的需求量增高，小猪生长速度快，这时既要考虑仔猪的营养需要，又要考虑饲料是否适口，是否易消化。针对不同猪型，要灵活运用饲养标准。

二、注意原料的可利用率

原料质量要可靠，要有符合要求的营养价值。原料是饲料的基础，因此原料的选择是最基础的也是制作好饲料的开始，应观其形，

辨其质。

另外，原料稳定性要高，便于后续的加工生产。好的原料利用率高，稳定性好，生产出的产品既符合猪的营养需要，也可达到标准化生产要求。

三、注意配方中各种成分的限量

猪饲料常用的添加剂有松针粉、芒硝、海带粉、沸石、橘皮粉等。添加剂能提供猪所需的微量元素，对猪的生理机能起到细微的调节作用，有助于猪的生长发育，促进猪的食欲，提高猪的抗病能力。对于仔猪来说，提高抗病能力尤为重要。各种成分的配比都有一个限量，尤其是矿物质和添加剂的用量须符合要求，才能达到生产标准。

四、注意饲料的安全性

猪肉是大众生活中最常见的食材之一，饲料的安全直接关系到食品安全，从饲料的成分到包装，饲料生产企业都需要严格把关。

第三节　预混料的配制原则和配方设计方法

一、预混料的配制原则

1. 实效性

实效性是指按所设计的配方生产出来的预混料在饲养中必须有实际效果。添加剂预混料在应用中的实效性受设计目的、选用原料、生产成本、预期达到的目标、运输储存方法等因素制约。如维生素添加剂必须具备满足畜禽对维生素需求的功能；促生长添加剂必须具备促进畜禽生长的功能。微量元素添加剂预混料的配方设计以动物营养学为理论基础，综合平衡各种微量元素之间的营养关系，使各种单项添加剂能够发挥最大的效能。

2. 安全性

所谓安全性是指按所设计的配方生产出来的预混料在饲养中必须

安全可靠。安全性是添加剂预混料的首要考虑因素，所选原料必须是国家法律批准使用的；所选原料要符合国家有关标准的规定；明确各种原料的添加量、最大用量及中毒剂量。另外，对添加剂中有毒、有害物质的量的要求更加严格。因此，配方设计中安全性是第一位的，没有安全性作为前提，就谈不上实效性。

3. 经济性

生产出来的预混料，除实效性和安全性外，还必须考虑其经济性。在满足添加剂使用目的的前提下，尽量使成本降到最低。按配方生产的产品在使用中的投入与产出比，将对产品的竞争力和生命力产生重要的影响，也直接关系到生产厂家的经济效益。

二、预混料的配方设计方法

1. 维生素预混料配方设计

维生素在全价料中添加量极少，仅占万分之几，各单项维生素添加量更少。在生产全价料时逐个称量很不方便，而且单项维生素在全价料中也很难搅拌均匀。因此，人们制备成维生素添加剂预混料，供生产上应用。

（1）维生素预混料配方设计步骤

1）确定维生素预混料的品种和浓度。品种即维生素预混料是通用型还是专用型；是完全复合维生素预混料，还是部分复合维生素预混料。浓度就是预混料在配合饲料中的用量，一般占配合饲料风干重的0.1%~1%。

2）确定预混料中要添加的维生素种类和数量。猪对维生素需要量的基本依据是饲养标准中的建议用量。在生产实践中，常以最低需要量为基本依据，综合考虑饲养品种、生产水平、环境条件、维生素制剂的效价与稳定性、加工储存条件与时间、维生素制剂价格、产品质量、成本等因素来确定最适需要量。最适需要量是能保证实现以下目标的供给量：①最好或较好的生产成绩（高产、优质、低耗）；②良好的健康状况和抗病力；③最好的经济效益。最适需要量=最低需要量+因素酌加量。

【小经验】

饲料中维生素的酌加量应考虑下面几种因素。

① 维生素的稳定性，维生素 A 和维生素 D_3 制剂比其他维生素易失活，即使采用包囊技术，也易失去活性，而且常用饲料中不含维生素 A 和维生素 D_3。维生素 A 和维生素 D_3 供给量要比最低需要量高出 5~10 倍。

② 在常用饲料中硫胺素、吡哆醇和生物素含量较丰富，为了降低复合维生素的成本，该三者的添加量可比需要量降低一些。

③ 氧化胆碱呈碱性，与其他维生素添加剂一起配合时，会影响到其他维生素的效价，一般单独添加。

3）确定各种维生素的安全系数。为保证满足需要，在设计配方时往往在需要量的基础上再增加一定数量，即"保险系数"或"安全裕量"。各种维生素的保险系数见表 2-20。

表 2-20 各种维生素的保险系数

维生素	保险系数(%)	维生素	保险系数(%)	维生素	保险系数(%)
维生素 A	2~3	硫胺素	5~10	叶酸	8~10
维生素 D_3	5~10	核黄素	2~5	烟酸	1~3
维生素 E	1~2	吡哆醇	5~10	泛酸钙	2~5
维生素 K	5~10	维生素 B_{12}	5~10	维生素 C	5~10
生物素	5~10	胆碱	5~10		

4）确定维生素的最终添加量。维生素添加量 = 需要量 + 保险系数。

5）确定维生素原料、载体和用量。维生素添加剂原料的容重、外观色泽、粒度及含量等要求符合国家标准，要注意生产日期、有效期，有条件的要尽量测定成分含量。维生素预混剂的载体一般为玉米芯细粉、玉米蛋白粉、小麦次粉等，粒度要求

100% 小于 1 毫米，90% 小于 0.8 毫米，60% 小于 0.5 毫米。含水量要求控制在 8% 以内。

6）确定预混料中各种维生素、载体的用量。根据含量计算每吨全价料中各种维生素的添加量（即吨用量）、成本与生产批用量。维生素添加剂预混料在配合料中的用量在 0.01% ~ 0.05% 之间。

7）对所设计的配方进行复核，并对其进行较详细的注释。

（2）维生素预混料配方设计实例　体重 5 ~ 8 千克瘦肉型仔猪复合维生素配方设计见表 2-21 和表 2-22。

表 2-21　体重 5 ~ 8 千克瘦肉型仔猪复合维生素配方设计计算表一

（用量：占配合饲料干重 0.2%）

维生素	饲养标准	拟定添加量	保险系数（%）	加保险系数后的用量
维生素 A	2200 国际单位/千克	2500 国际单位/千克	3	2575 国际单位/千克
维生素 D$_3$	220 国际单位/千克	250 国际单位/千克	7	268 国际单位/千克
维生素 E	16 国际单位/千克	20 国际单位/千克	2	20.4 国际单位/千克
维生素 K	0.5 毫克/千克	1.0 毫克/千克	7	1.1 毫克/千克
硫胺素（维生素 B$_1$）	1.50 毫克/千克	2.0 毫克/千克	7	2.14 毫克/千克
核黄素（维生素 B$_2$）	4.00 毫克/千克	5.0 毫克/千克	5	5.25 毫克/千克
吡哆醇（维生素 B$_6$）	2.0 毫克/千克	3.0 毫克/千克	6	3.18 毫克/千克
维生素 B$_{12}$	0.020 毫克/千克	0.04 毫克/千克	6	0.042 毫克/千克
泛酸钙	12.00 毫克/千克	15.0 毫克/千克	3	15.5 毫克/千克
烟酸	20.0 毫克/千克	25.0 毫克/千克	2	25.5 毫克/千克
叶酸	0.30 毫克/千克	0.50 毫克/千克	8	0.54 毫克/千克
生物素	0.08 毫克/千克	0.10 毫克/千克	5	0.11 毫克/千克
胆碱	600 毫克/千克	650 毫克/千克	5	682.5 毫克/千克

表 2-22　体重 5~8 千克瘦肉型仔猪复合维生素配方设计计算表二

（用量：占配合饲料干重 0.2%）

维生素	原料规格	原料用量 /（毫克/千克）	每吨预混料中 用量/千克	百分比 （%）
维生素 A	50 万国际单位/克	5.15	2.575	0.2575
维生素 D_3	30 万国际单位/克	0.89	0.445	0.0445
维生素 E	50%	40.8	20.4	2.04
维生素 K	95%	1.158	0.579	0.0579
硫胺素	98%	2.183	1.092	0.1092
核黄素	98%	5.357	2.679	0.2679
吡哆醇	83%	3.831	1.916	0.1916
维生素 B_{12}	1%	4.2	2.1	0.21
泛酸钙	98%	15.816	7.908	0.7908
烟酸	100%	25.5	12.75	1.275
叶酸	98%	0.551	0.276	0.0276
生物素	1%	11	5.5	0.55
胆碱	50%	1365	682.5	68.25
抗氧化剂			0.15	0.015
载体			259.13	25.913
合计			1000	100

2. 微量元素预混料配方设计

微量元素预混料配方设计较维生素预混料配方设计简单。一般以猪需要量为参数，不考虑饲料中微量元素含量。设计微量元素预混料配方时，应考虑以下问题：①关于微量元素化合物的选择，从目前看，铜、铁、锰、锌一般选用硫酸盐较好，不但价格便宜，而且猪对其利用率较氧化物高；②为保证微量元素预混料的含水量不超标，最好选用含 1 个结晶水的硫酸盐，对于铜，宜选用 5 个或 7 个结晶水的硫酸盐。

（1）微量元素预混料配方设计步骤

1）确定微量元素的添加种类。一般以饲养标准中的营养需要量为基本依据，同时考虑地区性的缺乏或高含量，某些元素的特殊作用，如碘的缺乏、高铜的促生长效果等。

2）确定微量元素的需要量。添加量＝饲养标准中规定的需要量－基础饲料中的相应含量，若基础饲料中含量部分不计，则添加量＝饲标准中规定的需要量。

【提示】

微量元素添加量的确定还应考虑以下因素。

① 确定所用微量元素的生物学效价。对微量元素添加剂原料的有效成分含量、利用率、有害杂质含量及细度都应该进行考虑，各种微量元素添加剂有害成分含量及卫生标准必须符合国家标准，此外，预混料中各微量元素的含量不应超过畜禽的最大耐受标准，以防止动物中毒情况的发生。

② 各种矿物元素相互间的干扰及相互间的合理比例。微量元素间存在着协同和拮抗作用，例如，在配制蛋鸡的微量元素预混料配方时，需要使用大量的钙，而钙影响锌和锰的吸收，因而要增大锰和锌在配方中的用量。各种矿物元素间的相互干扰作用关系见表 2-23。

表 2-23　各种矿物元素间的相互干扰作用关系

元素	干扰元素	影响机理	建议饲料中的比例
钙	磷	吸收	钙:磷 = 2:1
镁	钾	吸收	镁:钾 = 0.15:1
磷	钙	吸收	磷:钙 = 0.5:1
	铜	排泄	磷:铜 = 1000:1
	钼	排泄	磷:钼 ≥ 7000:1
	锌	吸收	磷:锌 = 100:1
钼	铜	吸收与排泄	铜:钼 ≥ 4:1
铜	钼	吸收与排泄	铜:钼 ≥ 4:1
	锌	吸收与排泄	铜:锌 = 0.1:1
	硫	吸收与排泄	铜:硫 ≥ 10:1
锌	钙	吸收	锌:钙 ≥ 0.01:1
	铜	吸收	锌:铜 = 10:1
	镉	细胞结合	锌:镉 ≥ 1000:1

3）选择适宜的原料并计算原料使用量。一般选用生物学效价高、稳定性好、便于粉碎和混合、价格比较低廉的原料。各种化合物原料的容重、外观色泽、粒度及含量等要符合国家标准，配制前要测定有效成分含量，并将所含微量元素折算成所选原料的重量（表 2-24）。

商品原料量 = 某微量元素需要量 ÷ 纯品中该元素含量（见表 2-24）÷
商品原料纯度

表 2-24　常用矿物质饲料中的元素含量

矿物元素	矿物质饲料	矿物元素含量
钙	碳酸钙	40%
	石灰石粉	34%~38%

（续）

矿物元素	矿物质饲料	矿物元素含量
钙、磷、钠	煮骨粉	磷11%~12%；钙24%~25%
	蒸骨粉	磷13%~15%；钙31%~32%
	十二水磷酸氢二钠	磷8.7%；钠12.8%
	五水亚磷酸氢二钠	磷14.3%；钠21.3%
	十二水磷酸钠	磷8.2%；钠12.1%
	十二水磷酸二氢钙	磷18.0%；钙23.2%
	磷酸钙	磷20.0%；钙38.7%
	一水磷酸二氢钙	磷24.6%；钙15.9%
钠、氯	氯化钠	钠39%；氯60.3%
铁	七水硫酸亚铁	20.1%
	一水碳酸亚铁	41.7%
	碳酸亚铁	48.2%
	四水氯化亚铁	28.1%
	六水氯化铁	20.7%
硒	亚硒酸钠	45.7%
	十水硒酸钠	21.4%
铜	五水硫酸铜	25.5%
	一水碳酸铜（碱式）	53.2%
	碳酸铜（碱式）	57.5%
	二水氯化铜（绿色）	37.3%
	氯化铜（白色）	64.2%
锰	二水硫酸锰	22.8%
	碳酸锰	47.8%
	氧化锰	77.4%
	四水氯化锰	27.8%

（续）

矿物元素	矿物质饲料	矿物元素含量
锌	碳酸锌	52.1%
	七水硫酸锌	22.7%
	氧化锌	80.3%
	氯化锌	48%
碘	碘化钾	76.4%

4）确定微量元素预混料的浓度。预混料的浓度即该预混料在配合饲料中所占的比例，一般情况下有0.2%、0.5%、1%、2%几种。选用适宜的载体，根据原料细度、混合设备条件、使用情况等因素确定预混料在全价饲料中的用量。微量元素预混剂的载体一般为石粉、轻质碳酸钙、磷酸氢钙或沸石粉等，可以选用一种或两种及两种以上的混合物。粒度要求100%小于1毫米，90%小于0.8毫米，60%小于0.5毫米；含水量要求控制在5%以内。载体石粉当中加入1%的植物油，进行预处理，以消除静电。

5）计算出载体的用量和各种微量元素商品原料的百分比。

（2）微量元素预混料配方设计实例 1%微量元素预混料的配制。1%预混料中的重要成分维生素和微量元素已按猪的需要量制成添加剂预混料，在此基础上，还需添加生长促进剂、氨基酸、氯化胆碱、抗氧化剂、酶制剂、酸制剂、香味剂、防霉剂，等等。如表2-25所示。

表2-25　1%微量元素预混料配方

商品原料	数量/毫克	各项原料在预混料中所占百分比（%）
硫酸亚铁	101.53	1.015
硫酸铜	5.64	0.056
硫酸锌	180	1.80
硫酸锰	1.70	0.017

（续）

商品原料	数量/毫克	各项原料在预混料中所占百分比（%）
碘化钾	0.11	0.0011
亚硒酸钠	0.18	0.0018
轻质碳酸钙	9710.84	97.101
合计	10000	100

3. 复合添加剂预混料配方设计

复合添加剂预混料指能够按照国家有关饲料产品的标准要求量，全面提供动物饲养相应阶段所需微量元素（4种或以上）、维生素（8种或以上），由微量元素、维生素、氨基酸和非营养性添加剂中任何两类或两类以上的组分与载体或稀释剂按一定比例配置的均匀混合物。猪用复合添加剂预混料有两种，一种是用量为1%~2%的由微量元素预混料、维生素预混料、氨基酸、药物、胆碱等组成；另一种是用量为4%~5%的在前一种基础上添加钙磷饲料、食盐等组成的预混料。这两种确定用量的预混料中营养物质组成不足部分用载体补充。常用的载体有次粉、小麦麸、芝麻饼粉、玉米麸等。

（1）复合添加剂预混料配方设计步骤

1）确定各元素需要量。根据动物种类和生理状况等因素查相应的饲养标准，确定各种微量组分的总含量。

2）确定各元素总含量。查营养价值成分表，计算基础日粮中各种微量元素的总含量。

3）计算各元素的添加量。

4）确定预混料的添加比例。

5）选择适宜的载体，根据使用剂量，计算出所用载体量。

6）写出复合添加剂预混料的配方

（2）复合添加剂预混料配方设计实例

设计5~30千克断奶仔猪3%的复合添加剂预混料（包含微量元素、氨基酸、杆菌肽锌、风味剂和抗氧化剂等）。

1）确定微量元素预混料的用量和配方，见表2-26。

① 参照饲养标准确定5~30千克断奶仔猪的各微量元素需要量，见表2-26第二列。

② 确定各矿物质中的元素含量（见表2-24）及原料纯度（测定或参照标准）见表2-26第三列。

③ 原料用量 = 添加量÷原料纯度÷元素含量，见表2-26第四列。

④ 载体用量 = 微量元素预混料质量3000毫克（1千克×0.3%）- 各微量元素用量之和。

⑤ 在预混料中含量 = 原料用量÷混合质量，见表2-26第五列，最后得出配方，见表2-26第六列。

表2-26 微量元素配方设计

原料	营养需要/（毫克/千克）	原料含量	原料用量/（毫克/千克）	预混料中含量（%）	微量元素预混料配方（%）
七水硫酸亚铁	100	20.1%×98.5%	505	16.8	16.8
七水硫酸锌	100	22.7%×98%	450	15.00	15.00
五水硫酸铜	6.0	25.5%×97%	24	0.80	0.80
二水硫酸锰	40	22.8%×98%	179	6.0	6.0
碘化钾	0.15	76.4%×99%	0.2	0.0067	0.0067
亚硒酸钠	0.1	45.7%×99%	0.22	0.0073	0.0073
载体			1841.58	61.386	61.386
合计			3000	100	100

2）确定维生素预混料的用量和配方，见表2-27。

① 参照饲养标准确定5~30千克断奶仔猪维生素需要量，见表2-27第二列。

② 确定各矿物质中的有效成分，见表2-27第三列。

③ 原料用量 = 添加量÷原料规格，见表2-27第四列。

④ 载体用量 = 维生素预混料质量1000毫克（1千克×0.1%）- 各维生素用量之和。

⑤ 在预混料中含量 = 原料用量 ÷ 混合质量，见表 2-27 第五列，最后得出配方，见表 2-27 第六列。

表 2-27   维生素配方设计

原料	营养需要	有效成分	原料用量/（毫克/千克）	预混料中含量（%）	维生素预混料配方（%）
维生素 A 乙酸酯	800 国际单位/千克	150 万国际单位/克	16	1.6	1.6
维生素 D	1200 国际单位/千克	30 万国际单位/克	4	0.4	0.4
DL-维生素 E 乙酸酯	25 毫克/千克	50%	50	5.0	5.0
维生素 K	2 毫克/千克	50%	4	0.4	0.4
硫胺素	1.5 毫克/千克	98%	1.53	0.153	0.153
核黄素	4 毫克/千克	96%	4.17	0.417	0.417
吡哆醇	3 毫克/千克	98%	3.06	0.306	0.306
维生素 B_{12}	0.02 毫克/千克	0.5%	4.0	0.4	0.4
叶酸	0.3 毫克/千克	97%	0.31	0.031	0.031
烟酸	25 毫克/千克	99%	25.25	2.525	2.525
泛酸钙	12 毫克/千克	98%	12.24	1.224	1.224
生物素	0.3 毫克/千克	2%	15	1.5	1.5
载体			860.44	86.044	86.044
合计			1000	100	100

3）确定氨基酸、杆菌肽锌、风味剂和抗氧化剂的添加量及原料用量。计算方法同上，见表 2-28

表 2-28   氨基酸等添加剂的添加量及原料用量

原料	在全价料中的添加量	有效成分含量（%）	在全价料中的用量（%）
L-赖氨酸	0.18%	78	0.23
DL-蛋氨酸	0.1%	85	0.12
杆菌肽锌	40 毫克/千克	10	0.04
风味剂	300 毫克/千克	100	0.03
抗氧化剂	0.02%	100	0.02
合计			0.44

4）确定复合添加剂预混料的用量，选择载体并计算用量。

复合预混料在全价饲料中的添加量为3%，载体用谷糠。

载体用量 = 复合添加剂用量 −（微量元素预混料用量 +

维生素预混料用量 + 氨基酸等添加剂用量）

= 3% −（0.3% + 0.1% + 0.44%）= 2.16%

5）整理出复合添加剂预混料配方。

在预混料中的用量 = 在全价饲料中的用量 ÷ 3%，见表2-29。

表 2-29 复合添加剂预混料配方

项　　目	在全价料中的用量（%）	在预混料配方中用量（%）
微量元素预混料	0.3	10
维生素预混料	0.1	3.33
L-赖氨酸	0.23	7.67
DL-蛋氨酸	0.12	4
杆菌肽锌	0.04	1.33
风味剂	0.03	1.0
抗氧化剂	0.02	0.67
谷糠	2.16	72
合计	3	100

【注意】

配方设计注意事项：

1）防止和减少有效成分的损失，以保证预混料的稳定性和有效性，在复合添加剂预混料中，维生素需要超量添加，详见表2-30。

2）猪用预混料中多添加赖氨酸，赖氨酸一般用L-赖氨酸的盐酸盐，蛋氨酸为DL-蛋氨酸（人工合成）。

3）微量元素的稳定性及各种微量元素间的关系。预混料中各微量元素的性质是稳定的，但是维生素的稳定性受到含水量、酸碱度和矿物质的影响。例如，饲料中含有磺胺类和抗生素时，维生素 K 的添加量将增加 2~4 倍；维生素 E 和硒在机体内具有协同作用。各元素间容易产生化学反应而影响其活性。因此，在制作复合添加剂预混料时，应将微量元素预混料和维生素预混料单独包装备用，或加大载体和稀释剂的用量，同时严格控制预混料的含水量，最多不要超过 5%。

4）根据当地状况及原料情况，正确选用抗氧化剂和防霉剂。药物添加剂应选择兽用抗生素，并且根据所选用药物严格把握添加量。还要考虑其耐药性及在动物体内的残留情况。

表 2-30　需要超量添加的维生素种类及超量添加量

维生素	添加量(%)	维生素	添加量(%)
维生素 A	15~50	吡哆醇	10~15
维生素 D	15~40	维生素 B_{12}	10
维生素 E	20	叶酸	10~15
维生素 K	200~400	烟酸	5~10
硫胺素	10~15	泛酸钙	5~10
核黄素	5~10	维生素 C	10~20

第四节　浓缩饲料的配制原则和配方设计方法

浓缩饲料是由蛋白质饲料、矿物质、微量元素、维生素和非营养性添加剂等按一定比例配制的均匀混合物，只要再掺入一定比例的能量饲料（玉米、麸皮、高粱、大麦等），即成为能够满足畜禽营养需要的全价配合饲料。实践证明，推广使用浓缩饲料的好处很多，主要是可以充分利用当地能量饲料资源，减少往返运输费用，有利于降低饲料成本，还可以解决广大饲养户（场）因蛋白质饲料缺乏而造成

畜禽营养不足的问题。

一、浓缩饲料的配制原则

1. 满足或接近饲养标准原则

对于猪浓缩饲料，按建议设计配方比例加入能量饲料或矿物质饲料后，总的营养水平应达到或接近猪的营养需要量，或是主要营养指标达到饲养标准的要求。一般应考虑的指标有能量、蛋白质、第一和第二限制性氨基酸、钙、非植酸磷、食盐等。

2. 依据猪生长特点原则

根据猪的品种、生长阶段、消化生理特点及生产性能、生产水平和不同季节等的要求，有针对性地设计不同种类或不同原料配比的浓缩饲料，以充分提高饲料的利用效率，发挥出猪的优良生产性能。如果有条件可生产针对不同地区能量饲料的浓缩饲料，能更好地显示浓缩饲料的效果。

3. 比例适宜原则

猪浓缩饲料在全价配合饲料中所占比例以20%~40%为宜。为方便使用，最好使用整数的比例。当比例太低时，需要用户配合的原料种类增加，浓缩饲料生产厂家对最终产品的质量控制范围减小，浓缩饲料吨成本显得过高。而比例过高时（如50%以上），又失去了浓缩的意义。因此，在配制猪浓缩饲料时，既要有利于保证质量，又要充分利用当地资源来确定配合比例，以节约成本。

4. 合理选用蛋白质饲料原则

由于目前我国动物性蛋白质饲料资源有限，大豆饼、粕等优质植物蛋白质原料供给尚且不足，因此，可根据本地区实际情况及现有资源，使用适宜的蛋白质饲料原料。动物性蛋白质饲料如优质鱼粉一般可占15%以上，也可合理利用一些非常规蛋白质饲料原料，如棉籽饼、菜饼、肉骨粉、玉米蛋白粉等。为防止非常规原料用量过高造成中毒或饲喂效果不佳，可用扩大饲料原料种类、降低每种饲料用量的方法来加以限制，同时考虑添加多种限制性氨基酸，使得蛋白质的各种氨基酸组成平衡。

5. 质量保护原则

生产浓缩饲料的原料，除蛋白质原料、常量矿物元素、复合添加剂预混料外，还需加入适量的防霉剂或抗氧化剂，以及预防性药物和饲料原料改良剂（如植酸酶）等成分，水分应低于 12.5%，以 6%~8% 为宜。另外，还应考虑浓缩饲料的感官指标，如粒度、气味、颜色、包装等，这些指标应根据当地市场特点和使用习惯加以考虑，做到受用户欢迎。

二、浓缩饲料的配方设计方法

首先应确定使用对象，并查出相应的饲养标准；再根据饲料品种和数量，选择（或预配）一个接近标准的全价配合饲料配方；然后分别计算能量饲料和浓缩饲料的配比，并求出浓缩饲料中各种原料所占百分比，这就是所配制浓缩饲料的配方。

现以设计体重 60~90 千克瘦肉型生长育肥猪用浓缩饲料配方为例，介绍其设计和配制方法。

1）查猪的饲养标准得知体重 60~90 千克瘦肉型生长育肥猪营养标准（表 2-31）。

表 2-31　体重 60~90 千克瘦肉型生长育肥猪营养标准

营 养 物 质	标　　准
消化能/（兆焦/千克）	13.02
粗蛋白质（%）	14
钙（%）	0.5
磷（%）	0.4
赖氨酸（%）	0.63
蛋氨酸＋胱氨酸（%）	0.32

2）根据营养标准及现有饲料品种，选择配合饲料配方，见表 2-32 和表 2-33。

表 2-32　配合饲料配方

原 料 名 称	用量(%)
玉米	40
次粉	20.5
高粱	20
豆饼	8.5
菜籽饼	10
骨粉	0.3
贝壳粉	0.2
复合添加剂预混料	0.5

表 2-33　配合饲料营养水平

营 养 物 质	营 养 水 平
消化能/(兆焦/千克)	13.10
粗蛋白质（%）	14.1
钙（%）	0.45
磷（%）	0.41
赖氨酸（%）	0.8
蛋氨酸+胱氨酸（%）	0.56

3）计算配合饲料中浓缩饲料的配比。由上述配方得知能量饲料为 60.5%，浓缩饲料配比合计为 39.5%（通常浓缩饲料为 20%~40% 的用量，加上 60%~80% 能量饲料，就能构成全价配合饲料）。

4）计算浓缩饲料配比中各种原料的百分比。

高粱：$\dfrac{20}{39.5} \times 100\% = 50.63\%$

豆饼：$\dfrac{8.5}{39.5} \times 100\% = 21.52\%$

菜籽饼：$\dfrac{10}{39.5} \times 100\% = 25.32\%$

骨粉：$\dfrac{0.3}{39.5} \times 100\% = 0.76\%$

贝壳粉：$\dfrac{0.2}{39.5} \times 100\% = 0.51\%$

复合添加剂预混料：$\dfrac{0.5}{39.5} \times 100\% = 1.26\%$

5）列出浓缩饲料配方，见表 2-34 和表 2-35。

表 2-34　浓缩饲料配方

原 料 名 称	用量（%）
高粱	50.63
豆饼	21.52
菜籽饼	25.32
骨粉	0.76
贝壳粉	0.51
复合添加剂预混料	1.26

表 2-35　浓缩饲料营养水平

营 养 物 质	营 养 水 平
消化能/（兆焦/千克）	11.89
粗蛋白质（%）	37.42
钙（%）	1.39
磷（%）	0.96
赖氨酸（%）	1.7
蛋氨酸＋胱氨酸（%）	1.1

　　按上述比例配合就可配制出含粗蛋白质为 37.42% 的浓缩饲料，再掺入 60.5% 的能量饲料就可配成含粗蛋白质 14.1% 的配合饲料。这是一种比较简便又易掌握的浓缩饲料配方设计方法。

第五节　全价配合饲料的配方设计方法

　　全价配合饲料是指各种营养物质均衡配制的可满足猪正常生长需要的配合饲料。使用全价配合饲料养猪具有生产效益高、饲料资源利用合理的优点。设计全价配合饲料的途径很多，如利用试差法、对角

线法等直接配制；利用复合添加剂预混料（料精）、浓缩饲料、添加剂预混料等混合配制。下面以试差法为例进行介绍。

1. 查饲料标准，列营养指标

查《仔猪、生长育肥猪配合饲料》（GB/T 5915—2020）中的营养成分指标，根据实际需要，在相应栏目查找各营养成分需求数值（表2-36）。选用时可以直接使用饲养标准或营养需要推荐的指标，也可以饲养标准或营养需要为基础，在生产实践中总结出一套自己的营养需要目标值。营养目标值种类和数量可根据需求确定，目标值应在标准值上下。

表2-36　仔猪前期配合日粮所需营养指标

指标	消化能/（兆焦/千克）	粗蛋白质（％）	钙（％）	磷（％）	食盐（％）	赖氨酸（％）
标准	≥13.39	≥18	0.70~1.20	≥0.65	0.30~0.80	≥1.35

2. 查饲料营养价值表，列计算表并试配计算

把配方中要使用的各种饲料原料的营养指标整理、归纳。每种原料的营养指标种类与营养目标值中的相同。饲料原料的各项营养指标数据要接近实际含量，在中国，一般直接选用《中国饲料成分及营养价值表》中的数据即可。查中国饲料营养成分及营养价值表，每一原料名称所对应的各种饲料营养成分及拟用配比值列入表中（表2-37）。计算表按10列（饲料原料名称、消化能、粗蛋白质、钙、磷、食盐、赖氨酸、原料用量上下限、原料价格、原料配合比例）和24行，$n \times 2 + 4$（n指所用原料数量）设计，配方拟用10种原料，故$n \times 2 + 4 = 10 \times 2 + 4 = 24$行，$n \times 2 + 4$中的4指计算表中原料所含成分的名称和单位及计算表最后三行中的合计、标准、对照，计算时根据所掌握的饲料配方设计的相关知识在上下限一栏中进行限制（此项在计算机辅助设计时可控制计算机代替人工选择价格低、质量差或价格高、质量好的饲料原料），价格按当时最新的市场价格计，试配合比例在上述范围内凭经验确定，但总数应满足总和

100%，否则在计算机辅助计算时会产生不执行命令的现象。

计算步骤：

① 将各种原料的营养成分含量×试配比例，计算该原料所含营养成分在相应比例下能提供的营养成分含量值，并分别填入对应的空格，如玉米的消化能含量 = 14.270 兆焦/千克×58% = 8.2766 兆焦/千克，粗蛋白质 = 8.700%×58% = 5.0460%，依次计算填入，结果保留小数点后 4 位有效数字。各种原料中，骨粉、磷酸氢钙属于既含钙又含磷原料，需分别计算钙、磷的提供量，石粉属于只含钙不含磷原料，只需计算钙的提供量。食盐只计算氯化钠的提供量。

② 将依次计算所得的原料能够提供的成分含量值汇总，结果分别填入合计栏中。

③ 将合计栏的数值与标准栏中的数值对照，如果合计小于标准，用"-"表示，如果合计大于标准，用"+"表示，数值差异填入对照栏。

④ 调整比例，如果对照栏中的数量与标准比较在±5%范围内，则该配方可行，如果超出±5%的范围，则需进行调整。一般能量高低调整玉米、麦麸，蛋白质高低调整豆粕、油枯、鱼粉。在配合小猪饲料时可多用鱼粉以保障质量，在配合大猪饲料时从成本角度考虑，多用油枯，少用豆粕、鱼粉。

⑤ 再计算再调整，每调整一次比例，必须保证总量满足100%，计算汇总的结果满足±5%的要求，试配比例和计算表详见表 2-37。

表 2-37　仔猪前期配合日粮试配比例和计算表一

饲料原料名称	消化能/（兆焦/千克）	粗蛋白质(%)	钙(%)	磷(%)	食盐(%)	原料用量上下限(%)	原料价格/(元/千克)	原料配合比例(%)
玉米	14.2700	8.7000	0.0200	0.2700	0.0100	55.0~65.0	2	58.0
	8.2766	5.0460	0.0116	0.1566	0.0058		1.16	
麦麸	9.3700	15.7000	0.1100	0.9200	0.0750	5.0~25.0	1.26	5.0
	0.4685	0.7850	0.0055	0.0460	0.0038		0.063	
豆粕	13.1800	43.0000	0.3200	0.6100		5.0~25.0	2.8	14.0

（续）

饲料 原料 名称	消化能/ （兆焦 /千克）	粗蛋白 质（%）	钙 （%）	磷 （%）	食盐 （%）	原料用 量上下 限（%）	原料价 格/（元 /千克）	原料配 合比例 （%）
	1.8452	6.0200	0.0448	0.0854			0.392	
油枯	10.5900	40.0000	0.0500	1.0700	0.0900	5.0～20.0	1	7.5
	0.7943	3.0000	0.0038	0.0803	0.0068		0.075	
鱼粉	16.7400	51.0000	7.0000	3.5000	0.9700	0～20.0	3	9.2
	1.5401	4.6920	0.6440	0.3220	0.0892		0.276	
骨粉			21.8400	11.2500		0.5～1.5	1.4	1.5
			0.3276	0.1688			0.021	
石粉			38.0000			0.5～1.5	0.2	3.0
			1.1400				0.006	
磷酸 氢钙			32.2000	18.7000		0.5～1.5	2.84	0.5
			0.1610	0.0935			0.0142	
食盐					93.0000	0.3～0.5	2	0.3
					0.2790		0.006	
添加剂						0～1.0	3.26	1.0
							0.0326	
合计	12.9247	19.5430	2.3383	0.9526	0.3846		2.5458	
标准	13.3900	20.000	0.70～1.20	≥0.65	0.30～0.80			
对照	－0.4653	－0.4570	1.3383	F	F			

注：F代表符合标准。

⑥ 与标准对照（第24行与第23行对比），如不符合标准，则需再调整各原料所占比例（第9列），如表2-38所示。

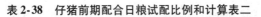

表 2-38　仔猪前期配合日粮试配比例和计算表二

饲料原料名称	消化能/(兆焦/千克)	粗蛋白质(%)	钙(%)	磷(%)	食盐(%)	原料用量上下限(%)	原料价格元/千克	原料配合比例(%)
玉米	14.2700	8.7000	0.0200	0.2700	0.0100	55.0~65.0	2	60.0
	8.5620	5.2200	0.0120	0.1620	0.0060		1.2	
麦麸	9.3700	15.7000	0.1100	0.9200	0.0750	5.0~25.0	1.26	6.3
	0.5903	0.9891	0.0069	0.0579	0.0047		0.079	
豆粕	13.1800	43.0000	0.3200	0.6100		5.0~25.0	2.8	14.0
	1.8452	6.0200	0.0448	0.0854			0.392	
油枯	10.5900	40.0000	0.0500	1.0700	0.0900	5.0~20.0	1	7.5
	0.7943	3.0000	0.0038	0.0803	0.0068		0.075	
鱼粉	16.7400	51.0000	7.0000	3.5000	0.9700	0~20.0	3	9.2
	1.5401	4.6920	0.6440	0.3220	0.0892		0.276	
骨粉			21.8400	11.2500		0.5~1.5	1.4	0.5
			0.1092	0.0563			0.007	
石粉			38.0000			0.5~1.5	0.2	0.5
			0.1900				0.001	
磷酸氢钙			32.2000	18.7000		0.5~1.5	2.84	0.5
			0.1610	0.0935			0.0142	
食盐					93.0000	0.3~0.5	2	0.5
					0.4650		0.01	
添加剂						0~1.0	3.26	1.0
							0.0326	
合计	13.3319	19.9211	1.1717	0.8574	0.5717		2.0868	
标准	≥13.3900	≥18	0.70~1.20	≥0.65	0.30~0.80			
对照	0.0581	F	F	F	F			

3. 配合比例确定

将计算表中最后确定的原料配合比例列入表2-39中。

表2-39　仔猪前期配合日粮最后确定的原料比例（质量分数,%）

饲料原料名称	玉米	麦麸	豆粕	油枯	鱼粉	骨粉	石粉	磷酸氢钙	食盐	添加剂	合计
原料配合比例	60.0	6.3	14.0	7.5	9.2	0.5	0.5	0.5	0.5	1.0	100

4. 营养成分含量确定

将计算表中经过多次调整后确定的合计栏中的各营养成分含量值依次填入表2-40，即为该配方能够提供的营养成分含量。

表2-40　仔猪前期配合日粮配方能够提供的营养成分含量

指标	消化能/（兆焦/千克）	粗蛋白质(%)	钙(%)	磷(%)	食盐(%)
含量	13.3319	19.9211	1.1717	0.8574	0.5717

5. 饲料成本计算

按照市场价格确定原料价格，然后计算各种原料在确定的配合比例下所需支出的费用，即饲料成本。汇总后的价格为1.64元/千克（根据原料价格市场行情浮动，汇总后的价格随之浮动）。

6. 使用须知

饲料应与青饲料搭配使用；阴凉干燥处保存；加工量根据实际需要确定，防止氧化、发霉、变质。

【注意】

①在计算时，中途应保留的小数点后四位有效数字不能随意四舍五入，否则会产生误差。②在设计饲料配方时，为了使配方科学、有效，应对饲料原料提出约束条件，约束条件分为两端约束（如55~65）和一端约束（如0~20）。③要考虑饲料原料的来源、价格、运输、质量、种类、储存等条件。④选用的原料不宜过多，一般10种左右。只有这样，才能使饲料配方设计科学、合理、经济、适用、安全。

第三章
猪饲料配方实例

第一节　仔猪饲料配方实例

一、哺乳仔猪饲料配方实例

哺乳仔猪阶段补料可充分满足乳猪快速生长发育的需要。配制哺乳仔猪饲料应根据哺乳仔猪的消化生理及其免疫特点，配制出适口性好、营养浓度高、易于消化、具有抗病性的饲料。

哺乳仔猪的生理特点主要表现为消化机能不全，胃蛋白酶、胰淀粉酶的活性很低，乳猪在 3 周龄以前只能利用与猪乳成分相同的乳糖和酪蛋白，对其他形式的碳水化合物和蛋白质都不能很好利用。因此，哺乳仔猪饲料中通常配入防止下痢和腹泻的复合抗生素、合成药物添加剂、生理调节剂、酶制剂等。

本章共选用 60 例哺乳仔猪饲料配方，可灵活运用（表 3-1 ~ 表 3-15）。

表 3-1　哺乳仔猪饲料配方一（质量分数，%）

原　　料	配方 1	配方 2	配方 3	配方 4
黄玉米粉	26.75	28.15	16.45	17.85
豆粕	14.10	15.10	24.20	25.20
脱脂奶粉	40.0	40.0	20.0	20.0
乳清粉			20.0	20.0
进口鱼粉	2.5	2.5	2.5	2.5
蔗糖	10.0	10.0	10.0	10.0

（续）

原　　料	配方 1	配方 2	配方 3	配方 4
苜蓿干草粉	2.5		2.5	
油脂	2.5	2.5	2.5	2.5
碳酸钙	0.4	0.4	0.5	0.5
脱氢磷酸氢钙		0.1	0.1	0.2
碘化食盐	0.25	0.25	0.25	0.25
复合添加剂预混料	1.0	1.0	1.0	1.0

　　注：此组配方中脱脂奶粉、乳清粉合计含量高，并有蔗糖作为调味剂，复合添加剂预
　　　　混料中含有防止哺乳仔猪下痢抗菌药物，并有哺乳仔猪生长发育需求的维生素、
　　　　微量元素，以及复合酶制剂，是一组质量好、成本高的优质哺乳仔猪饲料配方。

表 3-2　哺乳仔猪饲料配方二（质量分数，%）

原　　料	配方 5	配方 6	配方 7	配方 8
黄玉米粉	44.2	32.75	27.70	31.65
豆粕	22.75	25.0	30.05	30.10
脱脂奶粉	10.0	20.0	10.0	10.0
乳清粉	10.0	10.0	20.0	20.0
进口鱼粉		2.5	2.5	
蔗糖	10.0	5.0	5.0	5.0
油脂		2.5	2.5	1.0
碳酸钙	0.7	0.5	0.5	0.5
脱氢磷酸氢钙	1.1	0.5	0.5	0.5
碘化食盐	0.25	0.25	0.25	0.25
复合添加剂预混料	1.0	1.0	1.0	1.0

表 3-3　体重 1~5 千克哺乳仔猪饲料配方（质量分数，%）

原　　料	配方 9	配方 10
玉米	21.1	10.0
豆粕	25.0	16.0

（续）

原　　料	配方 9	配方 10
小麦粉	31.0	18.0
高粱		6.0
鱼粉	12.0	12.0
酵母	4.0	3.0
全脂奶粉		30.0
白糖	5.0	3.5
贝壳粉		0.5
骨粉	0.5	
食盐	0.4	
复合酶制剂	1.0	1.0

表 3-4　体重 5~10 千克哺乳仔猪饲料配方一（质量分数，%）

原　　料	配方 11	配方 12
玉米	20.7	14.5
豆粕	20.0	
豆饼		18.0
小麦粉		20.0
高粱	10.0	9.0
鱼粉	10.0	12.0
酵母粉	3.0	
全脂奶粉	30.0	20.0
苜蓿干草粉	1.5	
白糖	3.5	3.5
食盐	0.3	
碳酸钙		1.5
复合添加剂预混料		1.0
复合酶制剂	1.0	0.5

表 3-5　体重 5~10 千克哺乳仔猪饲料配方二（质量分数，%）

原　　料	配方 13	配方 14	配方 15	配方 16
玉米	54.3	60.0	60.5	53.8
豆饼	39.8	34.6	31.0	37.0
石粉	0.6	1.0	0.2	1.6
磷酸氢钙	2.0	1.1	2.1	2.1
食盐	0.3	0.3	0.3	0.5
柠檬酸	2.0	2.0	2.0	2.0
油脂			2.9	2.0
复合添加剂预混料	1.0	1.0	1.0	1.0

表 3-6　体重 5~10 千克哺乳仔猪饲料配方三（质量分数，%）

原　　料	配方 17	配方 18	配方 19	配方 20
玉米	64.0	60.3	65.0	61.3
麸皮	7.4	3.0	5.0	3.0
豆饼	22.0	25.0	25.0	
豆粕				25
磷酸氢钙	1.5	1.5		1.5
食盐		1.2		1.2
进口鱼粉	3.0	7.0	4.0	7.0
酵母		1.0		1.0
复合酶制剂	1.1			
复合添加剂预混料	1.0	1.0	1.0	1.0

表 3-7　2~3 周龄哺乳仔猪饲料配方（质量分数，%）

原　　料	配方 21	配方 22	配方 23	配方 24
黄玉米粉	55.0	54.5	61.0	44.5
豆粕	22.0	27.5	22.5	37.5
脱脂奶粉			2.5	

（续）

原　　料	配方 21	配方 22	配方 23	配方 24
乳清粉	20.0	15.0	10.0	15.0
油脂			1.0	
碳酸钙	0.75	0.5	0.5	0.5
磷酸氢钙	1.0	1.25	1.25	1.25
碘化食盐	0.25	0.25	0.25	0.25
复合添加剂预混料	1.0	1.0	1.0	1.0

表 3-8　2~3 周龄至断奶哺乳仔猪饲料配方（质量分数，%）

原　　料	配方 25	配方 26	配方 27	配方 28
黄玉米粉	43.75	47.5	49.15	51.85
豆粕	25.8	24.5	27.8	25.2
脱脂奶粉		5.0		5.0
乳清粉	15.0	10.0	15.0	10.0
进口鱼粉	2.5	2.5		
苜蓿干草粉	2.5			
油脂	2.5	2.5		
糖	5.0	5.0	5.0	5.0
碳酸钙	0.75	0.7	0.75	0.7
脱氧磷酸氢钙	0.95	1.05	1.05	1.0
碘化食盐	0.25	0.25	0.25	0.25
复合添加剂预混料	1.0	1.0	1.0	1.0

表 3-9　哺乳仔猪乳清粉-血浆蛋白粉型饲料配方（质量分数，%）

原　　料	配方 29	配方 30	配方 31	配方 32	配方 33
玉米	55.00	52.50	54.00	55.50	57.00
全脂大豆		20.00	15.00	10.0	5.00
大豆粕	24.00	7.50	11.00	14.50	18.00

（续）

原 料	配方 29	配方 30	配方 31	配方 32	配方 33
乳清粉	10.00	10.00	10.00	10.00	10.00
鱼粉	4.00	4.00	4.00	4.00	4.00
血浆蛋白粉	2.00	2.00	2.00	2.00	2.00
大豆油	1.00				
石粉	0.90	0.90	0.90	0.90	0.90
磷酸氢钙	1.30	1.30	1.30	1.30	1.30
食盐	0.20	0.20	0.20	0.20	0.20
赖氨酸	0.15	0.15	0.15	0.15	0.15
蛋氨酸	0.15	0.15	0.15	0.15	0.15
苏氨酸	0.10	0.10	0.10	0.10	0.10
复合添加剂预混料	1.20	1.20	1.20	1.20	1.20

表 3-10　哺乳仔猪乳清粉-植物小肽型饲料配方（质量分数，%）

原 料	配方 34	配方 35	配方 36	配方 37	配方 38
玉米	55.00	50.00	51.00	52.00	53.50
全脂大豆		20.00	15.00	10.00	5.00
大豆粕	24.00	10.00	13.50	17.00	20.50
乳清粉	10.00	10.00	10.00	10.00	10.00
鱼粉	4.00	4.00	4.00	4.00	4.00
植物小肽	2.00	2.00	2.00	2.00	2.00
大豆油	1.00		0.50	1.00	1.00
石粉	0.80	0.80	0.80	0.80	0.80
磷酸氢钙	1.20	1.20	1.20	1.20	1.20
食盐	0.20	0.20	0.20	0.20	0.20
赖氨酸	0.15~0.25	0.15~0.25	0.15~0.25	0.15~0.25	0.15~0.25
蛋氨酸	0.10~0.20	0.10~0.20	0.10~0.20	0.10~0.20	0.10~0.20
苏氨酸	0.10	0.10	0.10	0.10	0.10
复合添加剂预混料	1.25~1.45	1.25~1.45	1.25~1.45	1.25~1.45	1.25~1.45
合计	100.00	100.00	100.00	100.00	100.00

注：随着全脂大豆比例下降，赖氨酸、蛋氨酸添加量逐渐增加，复合添加剂预混料比
　　例随之调整。

表 3-11　哺乳仔猪全脂奶粉-鱼粉型饲料配方（质量分数，%）

原　料	配方 39	配方 40	配方 41	配方 42	配方 43
玉米	59.00	53.00	55.00	56.50	58.00
全脂大豆		20.00	15.00	10.00	5.00
大豆粕	24.00	10.00	13.00	16.50	20.00
全脂奶粉	10.00	10.00	10.00	10.00	10.00
鱼粉	3.00	3.00	3.00	3.00	3.00
石粉	0.60	0.60	0.60	0.60	0.60
磷酸氢钙	1.50	1.50	1.50	1.50	1.50
食盐	0.20	0.20	0.20	0.20	0.20
赖氨酸	0.15~0.20	0.15~0.20	0.15~0.20	0.15~0.20	0.15~0.20
蛋氨酸	0.15~0.20	0.15~0.20	0.15~0.20	0.15~0.20	0.15~0.20
苏氨酸	0.14	0.14	0.14	0.14	0.14
复合添加剂预混料	1.16~1.26	1.16~1.26	1.16~1.26	1.16~1.26	1.16~1.26
合计	100	100	100	100	100

注：随着全脂大豆比例下降，赖氨酸、蛋氨酸添加量逐渐增加，复合添加剂预混料比例随之调整。

表 3-12　哺乳仔猪全脂奶粉型饲料配方（质量分数，%）

原　料	配方 44	配方 45	配方 46	配方 47	配方 48
玉米	58.50	52.00	54.00	55.00	57.00
全脂大豆		20.00	15.00	10.00	5.00
大豆粕	24.50	11.00	14.00	18.00	21.00
全脂奶粉	10.00	10.00	10.00	10.00	10.00
鱼粉	3.00	3.00	3.00	3.00	3.00
石粉	0.70	0.70	0.70	0.70	0.70
磷酸氢钙	1.80	1.80	1.80	1.80	1.80
食盐	0.20	0.20	0.20	0.20	0.20
赖氨酸	0.25~0.3	0.25~0.30	0.25~0.30	0.25~0.30	0.25~0.30
蛋氨酸	0.1~0.2	0.1~0.20	0.1~0.20	0.1~0.20	0.1~0.20

（续）

原　料	配方 44	配方 45	配方 46	配方 47	配方 48
苏氨酸	0.14	0.14	0.14	0.14	0.14
复合添加剂预混料	0.66~0.81	0.66~0.81	0.66~0.81	0.66~0.81	0.66~0.81
合计	100	100	100	100	100

注：随着全脂大豆比例下降，赖氨酸、蛋氨酸添加量逐渐增加，复合添加剂预混料比例随之调整。

表 3-13　哺乳仔猪脱脂奶粉型饲料配方（质量分数，%）

原　料	配方 49	配方 50	配方 51	配方 52
玉米	60.5	55.5	57.5	59.0
豆粕	22.5	8.5	11.5	15.0
脱脂奶粉	10.0	10.0	10.0	10.0
全脂大豆		20.0	15.0	10.0
鱼粉	2.0	2.0	2.0	2.0
大豆油	1.0			
石粉	0.6	0.6	0.6	0.6
磷酸氢钙	1.5	1.5	1.5	1.5
食盐	0.2	0.2	0.2	0.2
赖氨酸	0.15~0.2	0.15~0.2	0.15~0.2	0.15~0.2
蛋氨酸	0.1~0.15	0.1~0.15	0.1~0.15	0.1~0.15
苏氨酸	0.15	0.15	0.15	0.15
复合添加剂预混料	1.2~1.3	1.2~1.3	1.2~1.3	1.2~1.3
合计	100	100	100	100

注：随着全脂大豆比例下降，赖氨酸、蛋氨酸添加量逐渐增加，复合添加剂预混料比例随之调整。

表 3-14　哺乳仔猪饲料配方三（质量分数，%）

原　料	配方 53	配方 54	配方 55	配方 56
玉米	51.96	56.6	9.05	13.62
豆粕	20	20	20	20

（续）

原　料	配方53	配方54	配方55	配方56
血浆粉		7		7
乳糖			40	40
豆油	5	5	5	5
大豆浓缩蛋白	12.9	1.3	15.4	3.87
鱼粉	6	6	6	6
磷酸二氢钙	1.2	1	1.7	1.5
药物添加剂	1	1	1	1
石粉	0.63	0.77	0.41	0.55
胱氨酸			0.06	0.06
蛋氨酸	0.15	0.15	0.15	0.15
复合添加剂预混料	0.08	0.1	0.15	0.17
氧化剂	0.4	0.4	0.4	0.4
氧化锌	0.38	0.38	0.38	0.38
食盐	0.3	0.3	0.3	0.3

注：此系列配方经试验研究证明（3.7千克，9日龄仔猪）：配方53仔猪日增重324克，日采食量409克，料重比1.27；配方54仔猪日增重332克，日采食量411克，料重比1.23；配方55仔猪日增重330克，日采食量401克，料重比1.25；配方56仔猪日增重321克，日采食量393克，料重比1.22。

表3-15　哺乳仔猪饲料配方四（质量分数，%）

原　料	配方57	配方58	配方59	配方60
玉米	37.5	42.05	15.9	21.2
血浆粉		7.0		7.0
乳糖	20.0	20.0	40.0	40.0
豆油	5.0	5.0	5.0	5.0
大豆浓缩蛋白	28.1	16.5	30.1	17.8
鱼粉	6.0	6.0	6.0	6.0
磷酸二氢钙	1.5	1.4	1.0	1.0

（续）

原　　料	配方 57	配方 58	配方 59	配方 60
药物添加剂	0.51	0.65	0.54	0.54
石粉	0.03		0.06	0.06
胱氨酸	0.15	0.15	0.15	0.15
蛋氨酸	0.13	0.17	0.17	0.17
复合添加剂预混料	0.4	0.4	0.4	0.4
氧化锌	0.38	0.38	0.38	0.38
食盐	0.3	0.3	0.3	0.3

注：此系列配方经试验研究证明（3.7 千克，9 日龄仔猪）：配方 57 仔猪日增重 320
　　克，日采食量 398 克，料重比 1.23；配方 58 仔猪日增重 335 克，日采食量 412
　　克，料重比 1.23；配方 59 仔猪日增重 339 克，日采食量 435 克，料重比 1.28；配
　　方 60 仔猪日增重 334 克，日采食量 415 克，料重比 1.25。

二、保育仔猪饲料配方实例

保育仔猪仍处于强烈的生长发育时期，是骨骼和肌肉快速生长阶
段，消化机能和抵抗力还没有发育完全，需要用营养丰富的饲料喂
养，以保证猪的生长发育，获得最大的日增重，育成健壮结实的幼
猪。保育仔猪饲料最好采用酸性（添加柠檬酸等）颗粒饲料。列举
29 例配方作为参考（表 3-16 ~ 表 3-23）。

表 3-16　仔猪诱食饲料配方（质量分数，%）

原　　料	配方 1	配方 2	配方 3	配方 4
玉米	26.15	28.05	16.35	17.75
小麦麸皮	40.0	40.0	20.0	20.0
豆粕	14.6	15.1	24.2	25.2
鱼浆	2.5	2.5	2.5	2.5
乳清粉			20.0	20.0
糖	10.0	10.0	10.0	10.0
干蒸馏酒糟液	2.5		2.5	
固化脂肪	2.5	2.5	2.5	2.5

（续）

原　　料	配方 1	配方 2	配方 3	配方 4
碳酸钙	0.4	0.4	0.5	0.5
磷酸氢钙		0.1	0.1	0.2
碘化食盐	0.25	0.25	0.25	0.25
微量元素预混料	0.1	0.1	0.1	0.1
维生素预混料	1.0	1.0	1.0	1.0

注：3 周龄前仔猪添加抗生素 100~250 克/吨。

表 3-17　仔猪开食饲料配方（质量分数，%）

原　　料	配方 5	配方 6	配方 7	配方 8
黄玉米粉	54.55	54.35	60.8	48.3
大豆粕	22.0	27.5	22.5	22.5
脱脂奶粉			2.5	2.5
乳清粉	20.0	15.0	10.0	15.0
鱼浆				2.5
糖				5.0
稳定化动物脂肪			1.0	1.0
碳酸钙	0.75	0.5	0.5	0.5
磷酸氢钙	1.0	1.25	1.25	1.25
碘化食盐	0.25	0.25	0.25	0.25
微量元素预混料	0.1	0.15	0.15	0.15
维生素预混料	1.25	1.0	1.0	1.0
DL-蛋氨酸	0.1		0.05	0.05

注：每吨另添加 100~300 克抗生素或其他添加剂。

表 3-18　仔猪断奶饲料配方（质量分数，%）

原　　料	配方 9	配方 10	配方 11	配方 12
稻谷粉	58.0	40.0	40.0	40.0
大麦		30.0	30.0	20.0
麸皮	14.0	10.0		10.0

（续）

原　　料	配方 9	配方 10	配方 11	配方 12
次粉			10.0	
豆饼	22.0	10.0	8.0	10.0
鱼粉	2.0	8.5	10.5	9.0
骨粉				10.0
贝壳粉	2.0			
食盐	1.0	0.5	0.5	
1% 预混料	1.0	1.0	1.0	1.0

表 3-19　体重 10～20 千克保育仔猪饲料配方一（质量分数，%）

原　　料	配方 13	配方 14
玉米	42.5	58.0
豆饼	20.0	21.0
鱼粉	7.5	7.5
高粱	10.0	10.0
全脂奶粉	13.2	
苜蓿干草粉	1.5	2.0
白糖	3.5	
胃蛋白酶	0.3	
淀粉	0.2	
食盐	0.3	0.5
复合添加剂预混料	1.0	1.0

表 3-20　体重 10～20 千克保育仔猪饲料配方二（质量分数，%）

原　　料	配方 15	配方 16	配方 17
玉米	60.83	58.9	59.66
次粉	15.0	15.0	
豆饼		4.7	11.8

（续）

原　　料	配方 15	配方 16	配方 17
进口鱼粉		3.0	14.9
国产鱼粉	8.0		3.0
菜籽饼	8.3	10.0	
棉粕	5.0	5.0	5.0
豆油			2.3
石粉	0.7	1.5	0.8
赖氨酸	0.5	0.2	0.3
蛋氨酸	0.17		0.14
碳酸氢钙	0.2	0.5	0.9
食盐	0.3	0.2	0.2
复合添加剂预混料	1.0	1.0	1.0

表 3-21　**6~8 周龄保育仔猪饲料配方**（质量分数，%）

原　　料	配方 18	配方 19	配方 20	配方 21
玉米	59.45	59.95	65.15	56.77
麦麸	10.2	10.97		6.84
豆粕		19.57	9.35	16.38
膨化大豆	24.27		17.37	
鱼粉	4.04	4.66	2.55	6.15
乳清粉			3.43	9.77
油脂		2.7		2.65
碳酸钙	0.65	0.59	0.45	0.46
磷酸氢钙	0.91	0.89	1.34	0.54
赖氨酸	0.02	0.05		
蛋氨酸	0.02	0.01	0.02	
碳酸氢钠				0.2
食盐	0.1	0.2	0.3	0.2
复合添加剂预混料	0.34	0.41	0.04	0.04

表 3-22　保育仔猪饲料配方（质量分数，%）

原　料	配方 22	配方 23	配方 24	配方 25
小麦	64.0	60.4	50.75	68.0
小麦麸皮	2.97		7.0	5.5
豆粕	22.17	20.5		6.0
大豆粉			15.38	
花生粕				10.0
乳清粉				3.0
蚕蛹	1.33			
菜籽粕			10.07	
鱼粉	5.0	5.0		2.0
植物油	1.33		0.93	1.5
米糠		11.3		
豌豆			12	
石粉	0.6	0.9	1.43	
赖氨酸			0.05	
蛋氨酸			0.02	
磷酸氢钙	1.3	0.6	0.32	
食盐	0.3	0.3	0.25	
复合添加剂预混料	1.0	1.0	1.8	4.0

表 3-23　保育仔猪饲料经验配方（质量分数，%）

原　料	配方 26	配方 27	配方 28	配方 29
玉米	59.6	57.3	59.8	60.03
豆粕	25.5	24.0	24.0	25.0
豆油	1.0	2.55	1.15	1.0
乳清粉	5.0	7.0	6.5	5.0
鱼粉	5.5	5.5	5.5	4.35
石粉	0.75	1.0	0.8	1.27

（续）

原　　料	配方 26	配方 27	配方 28	配方 29
赖氨酸	0.4			0.16
磷酸氢钙	1.0	1.2	1.0	0.99
食盐	0.25	0.45	0.25	0.2
复合添加剂预混料	1.0	1.0	1.0	2.0

注：此系列配方经试验研究证明：配方 29 仔猪（7.5 千克、28 日龄）日增重 338.5
克，日采食量 612.7 克，料重比 1.81；配方 30 仔猪（6.1 千克、21 日龄）日增重
236.8 克，日采食量 397 克，料重比 1.69；配方 31 仔猪（7.5 千克、28 日龄）日
增重 340.7 克，日采食量 616.8 克，料重比 1.81；配方 32 仔猪（6.9 千克、26 日
龄）日增重 417 克，日采食量 668 克，料重比 1.61。

第二节　生长育肥猪饲料配方实例

生长育肥猪采食量大，饲料消耗量占整个饲养阶段的 80% 以上，其营养重点是根据其生长发育规律合理供给营养物质，最大限度地发挥猪的生长潜力，减少饲料消耗，提高瘦肉率和胴体品质。因此，利用当地廉价原料，配制符合饲养要求、满足生长育肥猪生长的全价饲料，是提高养猪经济效益的重要措施。以下列举生长育肥猪配方 82例（表 3-24 ～表 3-46）。

表 3-24　生长育肥猪饲料配方一（质量分数，%）

原　　料	配方 1	配方 2	配方 3	配方 4
玉米	44.2	55.2	55.1	56.8
稻谷	23.0	11.0	10.0	12.0
小麦麸皮	7.00	14.0	9.7	9.7
豆饼	22.0	13.5	21.8	17.8
苜蓿干草粉		2.0	0.5	
贝壳粉		1.0	1.1	
食盐	0.30	0.3	0.5	0.5

（续）

原　料	配方1	配方2	配方3	配方4
油脂	0.50	0.8	0.3	0.6
磷酸氢钙	2.00	1.2		1.6
复合添加剂预混料	1.00	1.0	1.0	1.0

表3-25　生长育肥猪饲料配方二
（玉米、豆饼、鱼粉类型）（质量分数，%）

原　料	配方5 （体重20~35千克）	配方6 （体重35~60千克）	配方7 （体重60~90千克）
玉米	47.0	51.6	65.2
稻谷	30.0	30.0	15.0
麸皮	5.0	5.0	5.0
豆饼	6.3	4.0	10.0
鱼粉	6.6	4.5	
苜蓿干草粉	3.04	3.04	3.04
骨粉	1.5	1.3	1.2
石粉		0.5	0.5
食盐	0.5		
油脂	0.01	0.01	0.01
微量元素预混料	0.05	0.05	0.05

表3-26　生长育肥猪饲料配方三
（玉米、豆饼、鱼粉类型）（质量分数，%）

原　料	配方8 （体重20~35千克）	配方9 （体重35~60千克）	配方10 （体重60~90千克）
玉米	62.7	34.0	10.0
稻谷		40.0	31.5
高粱	9.8		

（续）

原　　料	配方 8 （体重 20~35 千克）	配方 9 （体重 35~60 千克）	配方 10 （体重 60~90 千克）
米糠			20.0
麸皮	5.0	5.0	30.0
豆饼	17.7	13.0	
鱼粉	4.0	4.0	2.5
花生饼		3.0	4.5
贝壳粉	0.5	0.5	
石粉			1.0
食盐	0.3	0.5	0.5

表 3-27　生长育肥猪饲料配方四

（谷实、杂饼、无鱼粉类型）（质量分数，%）

原　　料	配方 11 （体重 20~35 千克）	配方 12 （体重 35~60 千克）	配方 13 （体重 60~90 千克）
玉米	45.3	28.7	32.0
稻谷	11.0	25.0	30.0
麸皮	21.8		30.0
豌豆	4.3		
花生饼	2.2		
菜籽饼	6.5	10.0	3.0
棉粕		15.0	
米糠饼		5.0	3.5
苜蓿干草粉		15.0	
贝壳粉	4.3		
骨粉	1.7		
食盐	0.4	0.3	
油脂	1.5		0.5
微量元素预混料	1.0	1.0	1.0

表 3-28　生长育肥猪饲料配方五

（谷实、杂饼、无鱼粉类型）（质量分数，%）

原　　料	配方 14 （体重 20～35 千克）	配方 15 （体重 35～60 千克）	配方 16 （体重 60～90 千克）
玉米	10.0	36.0	38.7
稻谷	32.7	34.5	28.0
麸皮	10.0	9.0	22.0
菜籽饼	7.0	8.0	5.0
棉粕	26.0	10.0	
米糠饼	13.0		5.0
骨粉		1.0	
食盐	0.3	0.5	
油脂			0.3
微量元素预混料	1.0	1.0	1.0

表 3-29　生长育肥猪饲料配方六（质量分数，%）

原　　料	配方 17 （体重 20～35 千克）	配方 18 （体重 35～60 千克）	配方 19 （体重 60～90 千克）
玉米	46.4	50.9	64.3
豆饼	6.0	4.0	10.0
麸皮	5.0	5.0	5.0
大麦	30.0	30.0	15.0
苜蓿干草粉	3.0	3.0	3.0
鱼粉	6.6	4.3	
骨粉	1.5	1.3	1.2
食盐	0.5	0.5	0.5
油脂	0.5	0.5	0.5
复合添加剂预混料	0.5	0.5	0.5

表 3-30　　生长育肥猪饲料配方七（质量分数，%）

原　　料	配方 20 （体重 20~35 千克）	配方 21 （体重 35~60 千克）	配方 22 （体重 60~90 千克）
玉米	62.5	66.5	56.0
豆饼	4.0	10.0	
酒糟			15.0
豆粕	18.0		2.5
麸皮	5.0	12.0	15.0
苜蓿干草粉	5.0		4.0
葵花籽饼	2.0	8.0	4.0
骨粉	1.0	1.0	0.8
食盐	0.5	0.5	0.4
油脂	1.0	1.0	1.3
复合添加剂预混料	1.0	1.0	1.0

表 3-31　　生长育肥猪饲料配方八（质量分数，%）

原　　料	配方 23 （体重 20~35 千克）	配方 24 （体重 35~60 千克）	配方 25 （体重 60~90 千克）
玉米	60.5	59.5	65.7
豆饼	20.0	15.0	2.5
酒糟			15.7
豆粕			4.2
麸皮	8.0	13.0	8.4
苜蓿干草粉	3.0	4.0	
高粱	5.0	5.0	
贝壳粉	1.0	1.0	1.3
食盐	0.5	0.5	0.4
油脂	1.0	1.0	0.8
复合添加剂预混料	1.0	1.0	1.0

表3-32　体重20~35千克生长育肥猪饲料配方一（质量分数，%）

原　料	配方26	配方27	配方28
玉米	30.0		38.0
小麦		10.0	29.0
稻谷粉	19.0	20.0	
麸皮	15.0	15.0	17.0
统糠	10.0	40.0	
花生饼	10.0	8.0	7.0
豆饼	10.0		
鱼粉	5.0	5.0	8.0
骨粉		1.0	
复合添加剂预混料	1.0	1.0	1.0

表3-33　体重20~35千克生长育肥猪饲料配方二（质量分数，%）

原　料	配方29	配方30	配方31	配方32
玉米	42.0	39.5	55.0	45.0
高粱	9.0	9.5	7.0	10.0
麸皮	17.0	19.0	22.0	21.5
统糠	12.0	12.0		
草粉	6.5	9.0	5.5	6.0
胡麻饼	8.0	8.5	4.0	10.0
菜籽饼	3.0		4.0	5.0
血粉	0.5	0.5	0.5	0.5
食盐	1.0	1.0	1.0	1.0
复合添加剂预混料	1.0	1.0	1.0	1.0

表3-34 体重20~35千克生长育肥猪饲料配方三（质量分数，%）

原　　料	配方33	配方34	配方35	配方36
玉米	36.0	30.0	60.5	25.0
大麦	16.0			
高粱			9.0	
稻谷粉		34.0		27.0
麸皮	7.0	10.0	5.0	30.0
统糠	12.0	15.0		
花生饼		9.5		15.0
豆饼	10.5		23.0	
胡麻饼	7.0			
菜籽饼	5.0			
赖氨酸		0.3		
血粉	5.0			
骨粉				1.5
食盐	0.5	0.2	0.3	0.5
石粉			1.2	
复合添加剂预混料	1.0	1.0	1.0	1.0

表3-35 体重20~35千克生长育肥猪饲料配方四（质量分数，%）

原　　料	配方37	配方38	配方39	配方40
玉米	61.0	63.0	56.0	60.6
高粱	6.0	8.0	6.0	6.0
麸皮	9.30	9.0	7.8	9.0
谷糠	3.5	4.0	3.0	
豆饼	4.0	2.3	10.0	23.0
葵花籽饼	8.5	7.5	9.5	
菜籽饼	6.5	5.0	6.5	
食盐	0.2	0.2	0.2	0.4
复合添加剂预混料	1.0	1.0	1.0	1.0

表3-36　体重20~35千克生长育肥猪饲料配方五（质量分数，%）

原　料	配方41	配方42	配方43	配方44
玉米	36.0	34.0	55.0	39.0
高粱	5.0	5.0	6.0	8.0
麸皮	20.0	20.0	8.0	20.0
谷糠	1.5	5.0	7.0	
高粱糠	11.1	10.0		9.0
豆饼	15.0	15.0	13.0	22.0
菜籽饼	9.0	9.0	9.0	
骨粉	0.9	0.5	0.5	0.5
食盐	0.5	0.5	0.5	0.5
复合添加剂预混料	1.0	1.0	1.0	1.0

表3-37　体重20~35千克生长育肥猪饲料配方六（质量分数，%）

原　料	配方45	配方46	配方47	配方48
玉米	61.0	63.0	63.3	57.9
高粱	5.0	5.0	6.0	6.0
麸皮	7.5	4.5	5.0	11.0
豆粕		18.0		
豆饼	20.0	4.0	23.0	17.0
葵花籽饼	3.0	2.0		
菜籽饼				5.7
贝壳粉	1.0	1.0	1.2	0.8
骨粉	1.0	1.0		0.3
食盐	0.5	0.5	0.5	0.3
复合添加剂预混料	1.0	1.0	1.0	1.0

表 3-38　体重 20~35 千克生长育肥猪饲料配方七（质量分数，%）

原　　料	配方 49	配方 50	配方 51	配方 52
玉米	14.0	14.5	15.0	16.0
大麦	38.0	39.0	41.0	42.0
米糠	8.7	10.7	10.7	10.7
草粉	12.0	12.0	12.0	13.0
豆饼	4.5	3.5	3.0	2.0
棉籽饼	12.5	11.0	9.0	8.0
菜籽饼	5.5	4.5	4.5	4.0
鱼粉	2.0	2.0	2.0	1.5
骨粉	1.0	1.0	1.0	1.0
贝壳粉	0.5	0.5	0.5	0.5
食盐	0.3	0.3	0.3	0.3
复合添加剂预混料	1.0	1.0	1.0	1.0

表 3-39　体重 20~35 千克生长育肥猪饲料配方八（质量分数，%）

原　　料	配方 53	配方 54	配方 55	配方 56
玉米	33.5	38.5	38.5	43.0
大麦	40.0	40.0	40.0	40.0
麸皮	4.0	4.0	5.0	5.0
槐叶粉	3.0	3.0	3.0	3.0
豆饼	13.0	10.0	5.0	2.5
鱼粉	4.0	2.0	6.0	4.0
骨粉	1.0	1.0	1.0	1.0
食盐	0.5	0.5	0.5	0.5
复合添加剂预混料	1.0	1.0	1.0	1.0

表 3-40   体重 20~35 千克生长育肥猪饲料配方九（质量分数，%）

原　　料	配方 57	配方 58	配方 59	配方 60
玉米	15.0	16.0	50.7	54.5
大麦	41.0	42.0	30.0	
高粱				12.5
麸皮	12.0	13.0	5.0	14.4
槐叶粉			3.0	6.0
米糠	10.7	10.7		
豆饼	3.2	2.7	4.0	8.0
棉籽饼	9.0	8.2		
菜籽饼	5.0	3.4		
鱼粉	1.5	1.4	4.5	2.5
骨粉	0.8	0.8	1.3	
贝壳粉	0.5	0.5		0.6
食盐	0.3	0.3	0.5	0.5
复合添加剂预混料	1.0	1.0	1.0	1.0

表 3-41   体重 20~60 千克生长育肥猪饲料配方一（质量分数，%）

原　　料	配方 61	配方 62	配方 63	配方 64
玉米	52.0	52.0	56.7	59.0
豆饼	18.5	22.5	21.5	12.0
麸皮	12.0	12.0	5.0	20.5
高粱	10.0	10.0	10.0	
苜蓿干草粉				1.0
鱼粉	5.0		5.0	6.0
贝壳粉	1.0	2.0	0.5	
食盐	0.5	0.5	0.3	0.5
复合添加剂预混料	1.0	1.0	1.0	1.0

表3-42　体重20~60千克生长育肥猪饲料配方二（质量分数，%）

原　　料	配方65	配方66	配方67	配方68
玉米	44.0	35.0	36.0	28.0
豆粕	5.0	6.5	5.0	6.0
麸皮	5.0	11.0	10.0	10.0
大麦	25.5	35.0	39.5	24.5
小麦	8.0			
苜蓿干草粉	1.0	1.0		13.0
鱼粉	10.0	10.0	7.0	8.0
棉粕				8.0
食盐	0.5	0.5	0.5	0.5
油脂			1.0	1.0
复合添加剂预混料	1.0	1.0	1.0	1.0

表3-43　体重60~90千克生长育肥猪饲料配方一（质量分数，%）

原　　料	配方69	配方70	配方71	配方72
玉米	63.0	61.6	62.0	66.0
豆饼	8.5	18.1	12.5	9.0
麸皮	12.0	5.0	12.0	20.5
高粱	10.0	10.0	10.0	
苜蓿干草粉				1.0
鱼粉	4.0	3.5		2.0
贝壳粉	1.0	0.5	2.0	
食盐	0.5	0.3	0.5	0.5
复合添加剂预混料	1.0	1.0	1.0	1.0

表3-44　体重60～90千克生长育肥猪饲料配方二（质量分数，%）

原　　料	配方73	配方74	配方75	配方76
玉米	47.0	41.0	34.8	37.0
豆粕	2.0	14.0	5.0	3.0
麸皮	11.0	11.0	11.0	10.0
大麦	22.5	27.5	41.5	25.5
小麦	10.0			
苜蓿干草粉	1.0	1.0		10.0
鱼粉	5.0	4.0	5.0	3.0
棉粕				9.0
赖氨酸			0.2	
食盐	0.5	0.5	0.5	0.5
油脂			1.0	1.0
复合添加剂预混料	1.0	1.0	1.0	1.0

表3-45　体重60～90千克生长育肥猪饲料配方三（质量分数，%）

原　　料	配方77	配方78	配方79	配方80
玉米	20.0	8.0	10.0	9.0
大麦	20.0	22.5	15.0	31.0
麸皮	22.0	15.0	15.0	30.0
米糠	9.5	24.0	32.0	9.5
细米糠	12.0	15.0		10.0
花生饼	8.5	8.0	6.5	4.5
鱼粉	5.5	5.0	4.0	3.5
石粉	1.0	1.0	1.0	1.0
食盐	0.5	0.5	0.5	0.5
复合添加剂预混料	1.0	1.0	1.0	1.0

表 3-46　体重 20 ~ 90 千克生长育肥猪饲料配方（质量分数，%）

原　　料	配方 81	配方 82
玉米	35.0	34.9
豆粕	5.0	5.0
麸皮	11.0	11.0
大麦	28.0	41.5
小麦	6.5	
苜蓿干草粉	1.0	
鱼粉	7.0	5.0
棉粕	5.0	
赖氨酸		0.1
食盐	0.5	0.5
油脂		1.0
复合添加剂预混料	1.0	1.0

第三节　母猪饲料配方实例

一、后备母猪饲料配方实例

后备期母猪处于生长发育阶段，优质、营养全面的饲料对母猪的形体发育、生殖系统发育至关重要。后备母猪与生长育肥猪相比，日粮应含较高的钙和磷，使其骨骼中矿物质沉积量达到最大，从而延长母猪的繁殖期。另外，与生长育肥猪相比，后备母猪对维生素和微量矿物元素的需要量显著提高。这不仅是正常生长发育阶段所必不可少的，而且是进入繁殖期正常发情、受孕所必需的。为满足母猪对维生素、矿物元素的需要，应多喂青绿饲料。此阶段严禁使用对生殖系统有危害的棉籽饼、菜籽饼及霉变饲料。适当限料饲喂，以防止母猪过肥，影响发情、排卵。下面列举 24 例配方实例（表 3-47 ~ 表 3-52）。

表3-47　体重20~35千克后备母猪饲料配方（质量分数，%）

原　　料	配方1	配方2	配方3	配方4
玉米	60.0	65.0	65.0	70.0
麸皮	10.0	15.0	15.0	15.0
豆饼	25.0	15.0	15.0	10.0
秣食豆草粉	3.0	3.0	3.0	3.0
赖氨酸			0.2	0.3
蛋氨酸			0.1	0.1
贝壳粉	1.5	1.5	1.2	1.1
食盐	0.5	0.5	0.5	0.5

注：日喂3次，干湿喂，按体重5%给料。

表3-48　体重35~60千克后备母猪饲料配方一（质量分数，%）

原　　料	配方5	配方6	配方7	配方8
玉米	67.7	72.6	68.0	63.0
麸皮	15.0	15.0	15.0	10.0
草粉	4.0	4.0	4.0	4.0
豆饼	11.0	6.0	11.0	21.0
赖氨酸	0.2	0.3		
蛋氨酸	0.1	0.1		
贝壳粉	1.5	1.5	1.5	1.5
食盐	0.5	0.5	0.5	0.5

表3-49　体重35~60千克后备母猪饲料配方二（质量分数，%）

原　　料	配方9	配方10	配方11	配方12
玉米	65.0	40.0	22.0	12.0
麸皮	13.0			
碎米		27.0	45.0	55.0
细米糠		10.0	11.0	12.0
菜籽粕	3.0	5.0		4.0

（续）

原　　料	配方 9	配方 10	配方 11	配方 12
棉籽粕	3.0		4.0	2.0
豆粕	4.0	6.0	5.0	3.0
血浆蛋白粉	5.0	5.0	6.0	6.0
青饲料	2.7	2.7	2.7	1.7
骨粉	3.0	3.0	3.0	3.0
复合添加剂预混料	1.0	1.0	1.0	1.0
食盐	0.3	0.3	0.3	0.3

表 3-50　后备母猪饲料配方一（质量分数，%）

原　　料	配方 13	配方 14	配方 15	配方 16
玉米	61.0	63.0	40.0	43.0
高粱	5.0	5.0	8.5	5.0
麸皮	8.0	5.0	13.0	10.0
米糠			10.0	8.5
草粉			4.0	2.0
黑豆			13.0	20.0
豆饼		4.0		
豆粕	20.0	18.0		
葵花籽饼	3.0	2.0	10.0	10.0
骨粉	1.0	1.0	1.0	1.0
贝壳粉	1.5	1.5		
食盐	0.5	0.5	0.5	0.5

表 3-51　后备母猪饲料配方二（质量分数，%）

原　　料	配方 17	配方 18	配方 19	配方 20
玉米	24.0	20.0	15.0	10.0
碎米	35.0	40.0	42.0	44.0

（续）

原　　料	配方 17	配方 18	配方 19	配方 20
稻谷	10.0	8.0	12.0	15.0
菜籽粕	5.0	5.0	5.0	5.0
肉骨粉	5.0	6.0	5.0	4.0
蚕蛹粉	5.0	5.0	4.0	5.0
细米糠	10.0	10.0	10.0	10.0
青饲料	3.0	3.0	4.0	4.0
骨粉	2.0	2.0	2.0	2.0
复合添加剂预混料	0.6	0.6	0.6	0.6
食盐	0.4	0.4	0.4	0.4

表 3-52　后备母猪饲料配方三（质量分数，%）

原　　料	配方 21	配方 22	配方 23	配方 24
玉米	35.0	40.0	45.0	50.0
次面粉	30.0	20.0	15.0	10.0
肉骨粉	7.0	8.0	8.0	8.0
饲料酵母粉	7.0	6.0	6.0	5.0
棉籽粕	5.0	5.0	5.0	5.0
啤酒糟	6.0	9.0	9.0	10.0
粉渣	8.0	10.0	10.0	10.0
骨粉	1.0	1.0	1.0	1.0
复合添加剂预混料	0.6	0.6	0.6	0.6
食盐	0.4	0.4	0.4	0.4

二、妊娠母猪饲料配方实例

妊娠母猪饲养是养猪生产的重要环节之一，其生产性能直接关系到整个生产环节的经济效益。妊娠母猪饲料配方可以参考育肥猪饲料配方设计。微量营养元素的考虑原则与哺乳母猪明显不同。应根据妊娠母猪的限制饲养程度，保证在有限的采食量中能供给充分满足需要的微量营养物质，特别要注意有效供给与繁殖有关的维生素 A、维生素 D、维生素 E、生物素、叶酸、烟酸、维生素 B、胆碱，及微量元素锌、碘、锰等。妊娠母猪的营养状况不仅影响其生产性能，如产仔数、断奶到再发情时间间隔、利用年限，而且会影响仔猪的生产性能，如初生重、成活率及断奶窝重等。下面列举 24 例配方实例（表 3-53~ 表 3-58）。

表 3-53　妊娠母猪饲料配方一（质量分数，%）

原　　料	配方 1	配方 2	配方 3	配方 4
玉米	38.0	43.0	40.0	46.0
大麦	19.0	27.0	10.0	11.5
麸皮	20.0	7.0	16.0	17.0
草粉	7.0	6.0	14.5	15.0
豆饼		8.0	11.0	5.0
葵花籽饼	10.0			
鱼粉	3.0	6.0	6.0	3.0
骨粉	1.5	1.5	1.0	1.0
食盐	0.5	0.5	0.5	0.5
复合添加剂预混料	1.0	1.0	1.0	1.0

表 3-54　妊娠母猪饲料配方二（质量分数，%）

原　　料	配方 5	配方 6	配方 7	配方 8
玉米	10.0	59.4	31.0	38.0
大麦	29.0		27.0	44.0
麸皮	20.0	6.3	5.8	5.0
稻谷粉	20.0			
草粉		15.0	24.0	
豆饼	6.0	17.0	4.0	5.0
花生饼			6.0	5.0
菜籽饼	6.0			

（续）

原　　料	配方5	配方6	配方7	配方8
棉籽饼	5.5			
骨粉	2.0		0.7	1.5
贝壳粉		0.8		
食盐	0.5	0.5	0.5	0.5
复合添加剂预混料	1.0	1.0	1.0	1.0

表 3-55　妊娠母猪饲料配方三（质量分数，%）

原　　料	配方9	配方10	配方11	配方12
玉米	40.0	30.0		24.0
小麦			22.7	5.0
稻谷	8.0	17.0	23.3	3.0
木薯粉	21.0	15.0	37.1	24.0
麸皮	17.0	15.0		9.0
三七统糠		9.0		10.0
蚕豆粉				10.0
花生饼	9.0	10.0	7.4	10.0
鱼粉	4.0	3.0	8.5	3.0
骨粉			0.5	
贝壳粉	0.7	0.7		
石粉				1.5
食盐	0.3	0.3	0.5	0.5

注：本组配方适用于南方地区。

表 3-56　妊娠母猪饲料配方四（质量分数，%）

原　　料	配方13	配方14	配方15	配方16
玉米	35.0	39.0	46.0	50.0
次粉	30.0	25.0	20.0	10.0
肉骨粉	5.0	5.0	5.0	5.0

（续）

原　料	配方 13	配方 14	配方 15	配方 16
饲料酵母	3.0	4.0	4.0	3.0
棉籽粕	5.0	5.0	5.0	5.0
啤酒糟	10.0	10.0	9.0	13.0
粉渣	9.6	9.6	8.6	11.6
碳酸氢钙	1.0	1.0	1.0	1.0
食盐	0.4	0.4	0.4	0.4
复合添加剂预混料	1.0	1.0	1.0	1.0

表 3-57　妊娠母猪饲料配方五（质量分数，%）

原　料	配方 17	配方 18	配方 19	配方 20
玉米	50.0	54.0	53.1	36.7
碎米	17.0	30.0	30.0	8.0
麸皮				28.0
大麦	14.5			7.0
干草粉	6.0	2.0		6.0
国产鱼粉		6.0		
菜籽饼			4.2	
花生饼	11.0			7.0
豆粕		4.4	8.7	5.0
骨粉	1.0			1.0
复合添加剂预混料		1.0	1.0	0.8
碳酸氢钙		1.0	1.3	
石粉		1.3	1.4	
食盐	0.5	0.3	0.3	0.5

表 3-58　妊娠母猪饲料配方六（质量分数，%）

原　料	配方 21	配方 22	配方 23	配方 24
玉米	25.0	20.0	15.0	10.0
碎米	30.0	35.0	40.0	45.0
稻谷	12.0	12.0	13.0	14.0
菜籽粕	4.0	4.0	4.0	4.0
肉骨粉	6.0	4.0	6.0	8.0
蚕蛹粉	6.0	6.0	5.0	3.0
细米糠	10.0	12.0	12.0	10.0
青饲料	4.0	4.0	2.0	3.0
骨粉	2.0	2.0	2.0	2.0
复合添加剂预混料	0.6	0.6	0.6	0.6
食盐	0.4	0.4	0.4	0.4

三、哺乳母猪饲料配方实例

母猪哺乳阶段的营养与管理是整个繁殖周期的关键和焦点。哺乳母猪生产能力的提高，客观上要求生产管理者确定适宜的营养需要量。通常情况下，哺乳母猪的哺乳期为 30~42 天，为实现母猪最高产奶需要、获得理想的仔猪增重速度和保障产后母猪理想繁殖性能，哺乳母猪的营养需求水平高。哺乳母猪的营养重点是最大限度地提高母猪的泌乳量，因此，哺乳母猪需要较高的营养水平以供给不断生长的仔猪，而且也可使其在断奶后体重不至于减少太多，以利于尽快发情配种。消化能、蛋白质和氨基酸的平衡是设计配方时主要应该考虑的。泌乳高峰期更要保证这些营养物质的质量，否则会造成母猪动用体内储存的营养物质维持泌乳，导致体况明显下降，严重影响下一周期的繁殖性能。下面列举 24 例配方实例（表 3-59~表 3-64）。

表 3-59 哺乳母猪饲料配方一（质量分数，%）

原　料	配方1	配方2	配方3	配方4
玉米	35.0	40.0	39.3	50.0
大麦	34.0	23.5	31.5	11.0
麸皮	12.0	17.0	6.0	10.0
草粉			14.5	10.0
豆饼	2.0	10.0		10.5
棉籽饼	8.0			
鱼粉	6.0	7.0	6.0	6.0
骨粉	1.5	0.5	0.6	1.0
贝壳粉		0.5	0.6	
食盐	0.5	0.5	0.5	0.5
复合添加剂预混料	1.0	1.0	1.0	1.0

表 3-60 哺乳母猪饲料配方二（质量分数，%）

原　料	配方5	配方6	配方7	配方8
玉米	38.1	64.5	37.0	59.5
大麦			20.0	
麸皮	10.0	10.0		7.0
稻谷粉	24.0	3.5		
草粉		8.0		5.0
豆饼	25.0	12.0	30.4	25.0
花生饼			6.0	
菜籽饼			3.6	
骨粉	1.4	0.5		
贝壳粉			1.5	2.0
食盐	0.5	0.5	0.5	0.5
复合添加剂预混料	1.0	1.0	1.0	1.0

表 3-61　哺乳母猪饲料配方三（质量分数，%）

原　　料	配方 9	配方 10	配方 11	配方 12
玉米	63.9	65.2	69.2	69.3
小麦		4.0		
麸皮	12.8		2.6	5.5
豆粕	16.6	18.0	25.3	22.4
菜籽粕	5.0	4.0		
沸石粉		5.0		
骨粉	0.4	1.5	0.8	0.7
石粉		1.0	0.8	0.8
食盐	0.3	0.3	0.3	0.3
复合添加剂预混料	1.0	1.0	1.0	1.0

注：本组配方适用于南方地区；配方 9、11 中添加 0.1% 的赖氨酸，配方 10 中添加
0.2% 的赖氨酸；配方 12 中添加 0.3% 的赖氨酸。

表 3-62　哺乳母猪饲料配方四（质量分数，%）

原　　料	配方 13	配方 14	配方 15	配方 16
玉米	38.0	40.0	39.0	50.0
大麦	15.0	10.0	33.0	12.0
麸皮	20.0	17.0	4.0	10.0
槐叶粉			6.0	
草粉	2.0	14.5		10.0
大豆面	5.0			
豆饼		10.0	10.0	10.5
葵花籽饼	10.0			
鱼粉	8.0	7.0	6.0	6.0
多维素			0.3	
贝壳粉		0.5	0.6	
骨粉	1.5	0.5	0.6	1.0
食盐	0.5	0.5	0.5	0.5

表 3-63　哺乳母猪饲料配方五（质量分数，%）

原　料	配方 17	配方 18	配方 19	配方 20
玉米	37.5	38.0	40.0	38.0
碎米	5.0	15.0	12.0	
高粱	15.0			15.0
麸皮	6.0	15.0	10.0	29.0
米糠	10.0	9.0	10.0	
酱油渣	5.0	5.0	5.0	
苜蓿干草粉	5.0	1.5	1.5	5.0
豆饼	11.0	12.0	17.0	11.0
豆粕				0.3
秫食豆饼				0.8
鱼粉	4.0	4.0	3.0	
活性炭	1.0		1.0	
贝壳粉				0.5
食盐	0.5	0.5	0.5	0.4

表 3-64　哺乳母猪饲料配方六（质量分数，%）

原　料	配方 21	配方 22	配方 23	配方 24
玉米	45.0	37.0	40.0	38.0
碎米		15.0	12.0	15.0
高粱	15.0			10.0
麸皮	6.0	15.0	10.0	29.0
米糠	10.0	9.0	10.0	
酱油渣	5.0	5.0	5.0	
苜蓿干草粉	2.5	1.5	1.5	
豆饼	11.0	12.0	17.0	6.0
豆粕				0.3

（续）

原　　料	配方 21	配方 22	配方 23	配方 24
秫食豆饼				0.8
鱼粉	4.0	4.0	3.0	
活性炭	1.0	1.0	1.0	
贝壳粉				0.5
食盐	0.5	0.5	0.5	0.4

四、空怀母猪饲料配方实例

空怀期相对于母猪整个生产循环来说是比较短暂的，仔猪断奶后母猪即进入空怀期，4~7 天后大多数母猪发情配种，有些母猪在 7~10 天内完成配种，只有少数母猪由于个别原因发情延迟。有资料表明，配种受胎率与母猪哺乳期的饲养有一定关系，而空怀期的营养与哺乳期饲养总是相联系的。

空怀母猪的饲料配方要根据母猪的体况灵活掌握，主要取决于哺乳期的饲养状况及断奶时母猪的体况，使母猪既不能太瘦也不能过肥，断奶后尽快发情配种，缩短发情时间间隔，从而发挥其最佳的生产性能。下面列举 16 例配方实例（表 3-65 ~ 表 3-68）。

表 3-65　空怀母猪饲料配方一（质量分数，%）

原　　料	配方 1	配方 2	配方 3	配方 4
玉米	46.5	48.0	48.5	48.0
麸皮	51.0	35.5	30.0	30.5
豆饼			19.0	10.0
葵花籽饼		14.0		9.0
骨粉	2.0	2.0	2.0	2.0
食盐	0.5	0.5	0.5	0.5

表 3-66　空怀母猪饲料配方二（质量分数，%）

原　　料	配方 5	配方 6	配方 7	配方 8
玉米	20.0	15.0	10.0	
碎米	30.0	35.0	40.0	50.0
稻谷	15.0	20.0	25.0	18.0
菜籽粕	5.0	5.0	4.0	4.0
细米糠	15.0	13.0	5.0	12.0
青饲料	5.0	2.0	5.0	5.0
蚕蛹粉	4.0	3.0	3.0	2.0
肉骨粉	4.0	5.0	6.0	7.0
骨粉	1.2	1.2	1.2	1.2
食盐	0.3	0.3	0.3	0.3
复合添加剂预混料	0.5	0.5	0.5	0.5

表 3-67　空怀母猪饲料配方三（质量分数，%）

原　　料	配方 9	配方 10	配方 11	配方 12
玉米	65.0	45.0	20.0	
碎米		15.0	45.0	65.0
稻谷	12.0	15.0	5.0	
菜籽粕	3.0	4.0	4.0	5.0
棉籽粕	3.0	4.0	3.0	4.0
豆粕	3.0		2.0	
细米糠	3.0	5.0	9.0	13.0
青饲料	3.7	3.7	3.7	3.7
肠衣粉	4.0	5.0	5.0	6.0
骨粉	2.0	2.0	2.0	2.0
食盐	0.3	0.3	0.3	0.3
复合添加剂预混料	1.0	1.0	1.0	1.0

表 3-68　空怀母猪饲料配方四（质量分数，%）

原　料	配方 13	配方 14	配方 15	配方 16
玉米	74.1	79.4	77.0	79.4
麦麸	5.6	2.7	3.0	2.7
豆粕	18.0	15.1	17.4	15.1
磷酸氢钙	0.6	0.5	0.7	0.5
石粉	0.7	0.7	0.5	0.7
小苏打（碳酸氢钠）	0.1			
赖氨酸	0.1	0.3	0.2	0.2
食盐	0.3	0.3	0.2	0.4
复合添加剂预混料	0.5	1.0	1.0	1.0

第四节　种公猪饲料配方实例

　　种公猪饲料配方设计，应区别配种期和非配种期，在配种期增加饲料中的蛋白质和维生素、矿物质水平，保证种公猪的繁殖性能。

一、后备种公猪饲料配方实例

　　后备种公猪质量的好坏，直接影响养猪效益的高低。后备种公猪是从仔猪培养而来的，种公猪的性成熟与其年龄和体重有关，在性成熟前给予适当营养，达到性成熟后，种公猪的体躯和四肢结实，体态雄健。但如果以过高的营养水平饲养种公猪至性成熟，则可能由于过肥降低其配种能力。因此后备种公猪应限制能量水平，以免种公猪过肥，影响繁殖力。下面列举 8 例配方实例（表 3-69 ~ 表 3-70）。

表 3-69　后备种公猪饲料配方一（质量分数，%）

原　料	配方 1	配方 2	配方 3	配方 4
玉米	45.0	40.0	68.0	71.6
大麦	25.0	32.0		
麸皮	8.0	7.0	14.5	15.0

（续）

原　　料	配方1	配方2	配方3	配方4
草粉	5.0	2.0	3.2	4.0
豆饼			11.0	6.0
葵花籽饼	10.0	10.0		
鱼粉	6.0	8.0		
赖氨酸			0.2	0.3
蛋氨酸			0.1	0.1
贝壳粉			1.5	1.5
食盐			0.5	0.5
复合添加剂预混料	1.0	1.0	1.0	1.0

表3-70　后备种公猪饲料配方二（质量分数，%）

原　　料	配方5	配方6	配方7	配方8
玉米	61.0	63.0	65.0	67.7
麸皮	15.0	11.0	15.0	15.0
统糠	6.0			
草粉	4.0	4.0		4.0
豆饼	12.0	20.0	15.0	11.0
秣食豆草粉			3.0	
赖氨酸			0.2	0.2
蛋氨酸			0.1	0.1
贝壳粉	1.5	1.5	1.2	1.5
食盐	0.5	0.5	0.5	0.5

注：配方7适用于20~35千克重种公猪，日增量546克；配方8适用于35~60千克重种公猪，日增量544千克。

二、种公猪配种期饲料配方实例

配种期种公猪要保持健康、结实的体质和旺盛的性欲，并生产量多质好的精液,必须进行正确饲养,供应各种必需的营养物质。首先应供给足够的能量。根据不同体重,每头肉脂型成年种公猪每天需消化能17.9~28.8兆焦,瘦肉型种公猪为23.8~28.8兆焦。其次,蛋白质的供给对种公猪也很重要,当蛋白质不足时,种公猪射精量减少,精子密度降低、精子活力差,受胎率下降,甚至丧失配种能力。对于实行季节配种的种公猪,配种季节日粮中应含蛋白质15%~16%。实行常年配种的种公猪,日粮粗蛋白质可适量减少为14%左右,但要做到常年均衡供应。再次,还要特别注意维生素和矿物元素的补充。维生素和矿物元素对种公猪的健康及精液品质关系密切,缺乏时不仅会影响种公猪的健康,引起生殖机能衰退,性欲下降,还可能导致精子生成发生障碍,精子畸形率上升。下面列举20例配方实例(表3-71~表3-75)。

表3-71　种公猪配种期饲料配方一(质量分数,%)

原　　料	配方1	配方2	配方3	配方4
玉米	54.7	42.0	29.6	45.0
高粱			13.4	8.9
大麦	13.0		19.7	4.2
麸皮	7.7	12.4	8.0	15.8
大米	10.0	10.0	16.6	
草粉		2.5		
豆饼	10.0	15.0	10.0	20.2
花生饼				2.3
鱼粉	3.2	15.6	1.4	1.1
贝壳粉				1.0
碳酸钙		1.0		
食盐	0.4	0.5	0.3	0.5
复合添加剂预混料	1.0	1.0	1.0	1.0

表 3-72　种公猪配种期饲料配方二（质量分数，%）

原　　料	配方 5	配方 6	配方 7	配方 8
玉米	51.0	35.0	43.0	40.0
大麦	4.8		27.0	10.0
麸皮	6.0	18.0	7.0	17.0
大米	17.9			
米糠		24.5		
草粉			6.0	13.0
豆饼	7.0		8.0	11.0
大豆	5.2			
蚕豆		5.0		
菜籽饼		10.0		
鱼粉	6.3	1.0	6.0	6.0
骨粉			1.5	1.0
蚕蛹		4.0		
贝壳粉		1.0		0.5
食盐	0.8	0.5	0.5	0.5
复合添加剂预混料	1.0	1.0	1.0	1.0

表 3-73　种公猪配种期饲料配方三（质量分数，%）

原　　料	配方 9	配方 10	配方 11	配方 12
玉米	42.0	55.0	46.5	40.4
大麦	28.0	21.5		10.5
麸皮	7.0	5.0	10.0	15.0
高粱			6.0	13.0
花生饼	6.5	5.0		7.6
贝壳粉		0.5		0.5
豆饼			13.0	1.0
苜蓿干草粉	6.0	6.0	6.0	6.0

（续）

原　　料	配方 9	配方 10	配方 11	配方 12
鱼粉	6.0	4.0	8.0	3.0
骨粉	1.5		7.5	
油脂	1.5	1.5	1.5	1.5
食盐	0.5	0.5	0.5	0.5
复合添加剂预混料	1.0	1.0	1.0	1.0

表 3-74　种公猪配种期饲料配方四（质量分数，%）

原　　料	配方 13	配方 14	配方 15	配方 16
玉米	56.0	50.0	32.0	35.0
高粱		12.0	25.0	21.0
大麦	22.5	10.9	18.2	27.8
麸皮	5.0	15.1	12.0	
槐叶粉	3.0			
豆饼	5.0	7.6		
大豆			10.0	12.0
鱼粉	7.0	3.0	1.5	2.7
食盐	0.5	0.4	0.3	0.5
复合添加剂预混料	1.0	1.0	1.0	1.0

表 3-75　种公猪配种期饲料配方五（质量分数，%）

原　　料	配方 17	配方 18	配方 19	配方 20
玉米	43.0	44.0	42.0	57.7
高粱		4.5	4.5	
大麦	34.0			
麸皮	5.0			17.0
槐叶粉	8.0			
豆饼	8.0	20.0	22.0	18.0

（续）

原　　料	配方 17	配方 18	配方 19	配方 20
米糠		20.0	18.0	
葵花籽饼		3.0	5.0	
花生饼		5.0	5.0	5.0
骨粉		1.0	1.0	1.0
贝壳粉	0.5	1.0	1.0	
食盐	0.5	0.5	0.5	0.3
1% 预混料	1.0	1.0	1.0	1.0

三、种公猪非配种期饲料配方实例

种公猪非配种期饲料的营养水平和饲料喂量均低于配种期，合理配制可降低成本。种公猪的饲料严禁有发霉、变质和有毒饲料混入。下面列举 16 例配方实例（表 3-76～表 3-79）。

表 3-76　种公猪非配种期饲料配方一（质量分数，%）

原　　料	配方 1	配方 2	配方 3	配方 4
玉米	28.9	33.72	38.3	31.0
高粱	4.6	3.94	3.7	5.0
麸皮	4.8	15.78	7.7	5.0
酒糟	18.1	14.6	18.8	18.0
花生饼	16.1		7.6	16.0
葵花籽饼		2.37		
苜蓿干草粉	6.0	6.51	6.0	6.0
豆饼	13.8	19.71	11.1	6.0
油脂	4.6	0.79	3.7	10.0
骨粉	1.0		0.7	0.7
贝壳粉	0.6	0.79	0.7	0.7
食盐	0.5	0.79	0.7	0.6
复合添加剂预混料	1.0	1.0	1.0	1.0

表 3-77　种公猪非配种期饲料配方二（质量分数，%）

原　　料	配方 5	配方 6	配方 7	配方 8
玉米	30.91	28.9	38.3	31.0
高粱	3.6	3.6	3.0	4.5
麸皮	11.84	11.8	14.4	11.5
酒糟	18.09	18.1	18.8	18.0
玉米青贮	16.14	16.1	7.6	16.0
豆饼	6.58	13.8	11.1	6.0
葵花籽饼	9.86	4.6	3.7	10.0
骨粉	0.66	1.0	0.7	0.7
贝壳粉	0.66	0.6	0.7	0.7
食盐	0.66	0.5	0.7	0.6
复合添加剂预混料	1.0	1.0	1.0	1.0

表 3-78　种公猪非配种期饲料配方三（质量分数，%）

原　　料	配方 9	配方 10	配方 11	配方 12
玉米	43.0	65.0	64.0	62.0
小麦	27.0			
麸皮	7.0	14.0	15.0	14.0
草粉	4.0	3.0	6.0	6.0
豆饼	16.0	15.0	12.0	15.0
骨粉	1.5			
贝壳粉		1.5		1.5
油脂			1.5	
食盐	0.5	0.5	0.5	0.5
复合添加剂预混料	1.0	1.0	1.0	1.0

表 3-79　种公猪非配种期饲料配方四（质量分数，%）

原　　料	配方 13	配方 14	配方 15	配方 16
玉米	28.7	38.31	43.0	64.5
大麦			35.0	
麦麸	11.7	14.73	5.0	15.0
豆粕	6.58			
豆饼		11.05	8.0	15.0
高粱	4.6	3.68		
葵花籽饼	9.86	3.68		
苜蓿干草粉	16.1	7.58		3.0
槐叶粉			8.0	
酒糟	18.1	18.75		
骨粉	0.66	0.74		2.0
贝壳粉	0.7		0.5	
油脂	1.5	0.74		
食盐	0.5	0.74	0.5	0.5
复合添加剂预混料	1.0			

参 考 文 献

[1] 罗洪明，陈代文. 不同蛋白水平对早期断奶仔猪生产性能、血液生化指标的影响 [J]. 饲料研究，2005 (8)：3-8.

[2] NÚEZ M C, BUENO J D, AYUDARTE M V, et al. Dietary restriction induces biochemical and morphometric changes in the small intestine of nursing piglets [J]. Journal of Nutrition, 1996 (4)：933-944.

[3] 梅娜，周文明，胡晓玉，等. 花生粕营养成分分析 [J]. 西北农业学报，2007 (3)：102-105.

[4] 杨在宾. 新编仔猪饲料配方600例 [M]. 2版. 北京：化学工业出版社，2017.

[5] 王清玲. 妊娠母猪营养需要分析 [J]. 中国畜禽种业，2017，13 (3)：48.

[6] 刘长忠，魏刚才. 猪饲料配方手册 [M]. 北京：化学工业出版社，2014.

[7] 王春梅. 泌乳母猪的营养需要分析 [J]. 畜牧兽医科技信息，2017 (4)：127.

[8] 景绍红，胡占云. 母猪氨基酸的营养需要及赖氨酸与苏氨酸对母猪生产性能的影响 [J]. 猪业科学，2016，33 (11)：84-85.

[9] 朱爱琴. 猪对维生素营养需要的分析 [J]. 饲料博览，2019 (9)：78.

[10] 刘松柏，谭会泽，魏师，等. 稻谷在家禽饲料中营养价值评估研究进展 [J]. 饲料研究，2014 (19)：14-16.

[11] 赵杰. 育肥猪的生理特点、营养需要及饲养管理 [J]. 现代畜牧科技，2018，37 (1)：41.

[12] 张勇. 早期断奶仔猪的营养需要 [J]. 河南畜牧兽医（综合版），2006，27 (1)：13-14.

[13] 鲁友均，刘树民，刘平，等. 氨基酸添加剂在猪饲料中的应用研究进展 [J]. 当代畜牧，2014 (9)：27-29.

[14] 杨玉能. 动物蛋白源在畜牧生产上的研究利用概况 [J]. 畜牧与饲料科学，2015，206 (5)：58-59.

[15] 芦春莲，曹洪战，李兰会，等. 豆皮和麦麸对生长育肥猪饲喂价值的比较 [J]. 畜牧与兽医，2007，39 (2)：33-35.

[16] 温永亮，闫益波. 高粱在畜禽生产中的应用 [J]. 湖南饲料，2019 (5)：33-35.

[17] 许艳芬. 山东省猪饲料原料的营养价值评定 [D]. 泰安：山东农业大

学，2013.

［18］ 顾君华. 维生素饲料添加剂的发展沿革［J］. 饲料工业，2019，40（12）：1-8.

［19］ 吴凡. 预混料配方设计及生产技术［J］. 河南畜牧兽医（综合版），2008，29（2）：32-34.

［20］ 喻哲昊. 包被微量元素在生长育肥猪中的应用效果研究［D］. 沈阳：沈阳农业大学，2017.

［21］ 韩俊文. 猪的饲料配制与配方［M］. 2版. 北京：中国农业出版社，2002.

［22］ 钟正泽，刘作华. 新编母猪饲料配方600例［M］. 2版. 北京：化学工业出版社，2017.

［23］ 冯翠艳. 早期断乳仔猪的营养需要和饲粮组成［J］. 畜牧兽医科技信息，2017（1）：87.

［24］ 辛亮. 不同日粮类型对仔猪生产性能及血清生化指标的影响［D］. 南京：南京农业大学，2013.

［25］ 张宜辉. 断奶仔猪的营养需要与精细管理研究进展［J］. 猪业科学，2018，35（5）：45-47.

［26］ 张维. 早期断奶仔猪蛋白质需要量的研究［D］. 杨凌：西北农林科技大学，2007.

［27］ 张宏. 仔猪营养需要及教槽料使用［J］. 畜牧兽医科学（电子版），2019（5）：77-78.

［28］ 陈玲. 仔猪阶段对维生素的营养需要［J］. 湖南农机，2011，38（9）：205-207.

［29］ 张祖成. 浅谈种公猪的选育和饲养管理技术［J］. 云南畜牧兽医，2017（1）：5-6.

［30］ 孙铭芳. 猪配合饲料配制的基本原则［J］. 中国畜牧兽医文摘，2014（3）：179.

［31］ 宋玉荣. 猪饲料的配比原则［J］. 现代畜牧科技，2015（1）：40.

［32］ 时洪君. 种公猪的营养需要与饲料配方示例［J］. 畜牧兽医科技信息，2017，85（7）：91.

［33］ 万建美，曲立新，GARY L. "养猪生产中的微量元素营养" 专栏（二）为猪的矿物质需要设立 NRC 营养标准［J］. 国外畜牧学（猪与禽），2010（2）：8-11.

[34] 蒋宗勇，林映才，郑春田. 仔猪营养需要研究进展 [C] //李德发. 动物营养研究进展：2004 版. 北京：中国农业科学技术出版社，2004：111-123.

[35] 符林升，熊本海，高华杰，等. 猪饲料和营养研究进展 [J]. 中国畜牧兽医，2009 (2)：21-27.

[36] 李雪. 生长肥育猪的营养与饲料配制 [J]. 畜牧兽医科技信息，2015，82 (7)：101.

[37] 张小强，何晓宁，贺玉胜. 早期断奶仔猪蛋白质及矿物质的营养需要 [J]. 家畜生态，2002，2 (23)：65-67.

[38] 吕春红. 美国用于猪饲粮的能量饲料原料的选择及合理饲喂 [J]. 现代畜牧科技，2018 (8)：46.

[39] 吴世海. 母猪饲喂青绿饲料的优点及注意事项 [J]. 新农业，2018 (17)：42.

[40] 钟畜. 米糠在猪饲料中的使用 [J]. 农村新技术，2011 (18)：61.

[41] 郭秀云，张开臣，孟庆丰，等. 饲用血粉加工工艺及其产品质量研究进展 [J]. 中国家禽，2019，19 (41)：50-54.

[42] 冯艳武，蔡长柏，赵晓光. 小麦及其副产物在猪营养中的价值 [J]. 中国饲料，2019 (14)：12-16.

[43] 王琪，杨月侠，韩志伟. 猪饲料中添加剂的合理使用 [J]. 农民致富之友，2015 (2)：273.

[44] 贾鸿羽. 根据猪的营养需要配制饲料及几种浓缩饲料的配制方法 [J]. 科技信息，2011 (32)：638-640.

[45] 王彬. 胡萝卜喂猪好处多 [J]. 养猪，2005 (4)：8.